ISNM

INTERNATIONAL SERIES OF NUMERICAL MATHEMATICS
INTERNATIONALE SCHRIFTENREIHE ZUR NUMERISCHEN MATHEMATIK
SÉRIE INTERNATIONALE D'ANALYSE NUMÉRIQUE

VOL. 17

Numerische Methoden bei Optimierungsaufgaben

Vortragsauszüge
der Tagung über numerische Methoden
bei Optimierungsaufgaben
vom 14. bis 20. November 1971
im Mathematischen Forschungsinstitut Oberwolfach (Schwarzwald)

Herausgegeben von
L. COLLATZ, Hamburg, W. WETTERLING, Enschede

1973
BIRKHÄUSER VERLAG BASEL
UND STUTTGART

ISBN 3-7643-0668-8

Vorwort

Am Mathematischen Forschungsinstitut Oberwolfach fand in der Zeit vom 14. bis 20. November 1971 eine Tagung über ‹Numerische Methoden bei Optimierungsaufgaben› unter der Leitung der Unterzeichneten statt.

Seit der vorangegangenen Tagung im Sommer 1967 ist es gelungen, weitere Problemklassen der numerischen Behandlung zugänglich zu machen. Trotzdem sind nach wie vor viele Fragen offen.

In dem vielseitigen Vortragsprogramm wurde vor allem über Methoden bei verschiedenen Aufgabentypen (Transportprobleme, gemischt ganzzahlige Probleme, stochastische Optimierungsaufgaben, Kontrollprobleme usw.) berichtet. Besondere Beachtung fanden die Vorträge über Dualität und deren Bedeutung für Existenz- und Stetigkeitsaussagen und für die numerische Einschliessung des Optimalwertes.

In einer Diskussionsstunde hatten die Tagungsteilnehmer Gelegenheit, auf offene Probleme hinzuweisen und Anregungen zu geben. Die wichtigsten Diskussionspunkte waren:

1. Viele der bekannten Methoden für Optimierungsaufgaben, die ja häufig nicht von Numerikern entwickelt worden sind, mussten genauer als bisher auf ihre numerische Brauchbarkeit überprüft und evtl. verbessert werden.
2. Bei iterativen Verfahren ist häufig das Aufsuchen einer Ausgangsnäherung viel mühsamer als das Verfahren selbst. Bei der Entwicklung von numerischen Methoden sollte man das beachten.
3. Für ganzzahlige Optimierungsaufgaben sind einige neue (asymptotische) Methoden bekanntgeworden. Trotzdem bleibt die typische Schwierigkeit, dass der Rechenaufwand nicht durch eine nur von der Dimension des Problems abhängende Schranke begrenzt ist.
4. Neue numerische Verfahren, die an Universitätsinstituten entwickelt sind, sind häufig für den Praktiker noch nicht brauchbar, weil der Urheber seine Methode nicht genügend an Problemen aus den Anwendungen erprobt hat und daher auch nicht ausreichende Hinweise für den praktischen Gebrauch geben kann. Man sollte unbedingt diese Lücke zu schliessen versuchen.

Die Tagungsleiter danken allen Teilnehmern, die durch ihre Beiträge und ihr Interesse zum Erfolg der Tagung beigetragen haben. Ebenso danken sie dem Leiter des Mathematischen Forschungsinstituts Oberwolfach, Herrn Prof. Dr. M. Barner, und seinen Mitarbeitern dafür, dass die Tagung aufgrund ihrer Gastfreundschaft und Hilfsbereitschaft den Teilnehmern in angenehmer Erinnerung bleiben wird.

Schliesslich sei dem Birkhäuser Verlag der besondere Dank für die gute Ausstattung dieses Buches und die stete Förderung ausgesprochen.

L. COLLATZ, W. WETTERLING

Tagung über Numerische Methoden bei Optimierungsaufgaben vom 14. bis 20. November 1971
Leiter: L. Collatz und W. Wetterling

Vortragsauszüge

BEREANU, B.: The Cartesian Integration Method in Stochastic Linear Programming . . . 9

COLLATZ, L.: Anwendungen der Dualität der Optimierungstheorie auf nichtlineare Approximationsaufgaben . . . 21

ECKHARDT, U.: Iterative Lösung linearer Ungleichungssysteme . . . 29

FLEISCHMANN, B.: Eine primale Version des BENDERSschen Dekompositionsverfahrens und seine Anwendung in der gemischt-ganzzahligen Optimierung . . . 37

GLASHOFF, K.: Schwache Stetigkeit bei nichtlinearen Kontrollproblemen 51

GUSTAFSON, S. A.: Die Berechnung von verallgemeinerten Quadraturformeln vom Gaußschen Typus, eine Optimierungsaufgabe . . . 59

KRABS, W.: Stetigkeitsfragen bei der Diskretisierung konvexer Optimierungsprobleme . . . 73

KUBIK, K.: Das Problem Slalom oder Optimale Linienführung innerhalb eines Korridors – ein nichtlineares Optimierungsproblem . . . 91

LEMPIO, F.: Dualität und optimale Steuerungen . . . 101

LOCHER, F.: Optimale definite Polynome und Quadraturformeln . . . 111

SIBONY, M.: Some Numerical Techniques for Optimal Control Governed by Partial Differential Equation . . . 123

THE CARTESIAN INTEGRATION METHOD IN STOCHASTIC LINEAR PROGRAMMING[1)]

by Bernard Bereanu in Bukarest

INTRODUCTION

Usually it is assumed that the coefficients of a linear programming problem are given numbers. However their stochastic variability shows that in reality they usually are samples of certain random variables. Consequently if one wishes to make forecasts about the results of an "optimal" decision in a problem modelled by a linear program *before* the realizations of the relevant coefficients became known, then he should take into account that the optimal value is at best[2)] a random variable. The problem of the computation of the probability distribution function and (or) some of the moments of this random variable is called the "distribution problem" of stochastic linear programming (DP). It was first introduced[3)] by G. TINTNER [18]. Further developments and applications are contained in references [16, 2, 3, 4, 5, 10, 11] and in the litterature citted therein.

The purpose of this paper is to present some new results concerning the distribution problem together with a computation method, the Cartesian Integration Method (CIM), which seems effective for practical problems, if the number of random factors taken into account is not too large[4)] although all the coefficients may be random.

1. SOME THEORETICAL PROBLEMS

Consider the following linear programming problem:

(1.1) $$\gamma = \min_{x} (c_1 x_1 + c_2 x_2)$$

subject to

$$a_{11} x_1 + a_{12} x_2 \geqq b_1,$$

(1.2) $$a_{21} x_1 + a_{22} x_2 \geqq b_2,$$

$$x_1 \geqq 0, \quad x_2 \geqq 0.$$

Suppose that a_{ij} $(i = 1,2;\ j = 1,2)$ are independent random variables with given normal distributions and that b_i $(i = 1,2)$ are positive numbers. It is obvious that (1.1) does not define a random variable because, with positive probability, the system (1.2) has no solution. Thus the distribution problem has no sense in this case.

In BEREANU [4] it was singled out a class of stochastic programs, called *positive stochastic linear programs*, the optimal values of which do define random variables. It so happens that most applications lead to such programs. However a notable problem remains to establish necessary and sufficient conditions for the existence of the optimal value of a general stochastic linear program (SLP). We shall first formulate precisely the DP.

Let $A(\xi)$, $b(\xi)$, $c(\xi)$ be random matrices of dimensions, respectively $m \times n$, $m \times 1$, $1 \times n$ on a probability space with support Ω in an r-dimensional Euclidean space (ξ is an elementary event, i.e. a point in the set $\Omega \subset R^r$). AB will represent the product of matrices A and B. We shall not use the transposition symbol.

Let

(1.3) $$X(\xi) = \{x \mid A(\xi)x \leqq b(\xi),\ x \geqq 0\}, \qquad \xi \in \Omega,$$

where x is an n-dimensional vector and consider the function $\gamma : \Omega \to \bar{R}$ defined by

(1.4) $$\gamma(\xi) = \sup_{x \in X(\xi)} c(\xi)x, \qquad \text{if} \quad X(\xi) \neq \emptyset,$$

(1.5) $$\gamma(\xi) = -\infty, \qquad \text{if} \quad X(\xi) = \emptyset,$$

where $\bar{R}$ is the extended reals and $\emptyset$ is the empty set.

The function γ defines a random variable if and only if

(1.6) $$P\{\xi \mid -\infty < \gamma(\xi) < +\infty\} = 1.$$

(1.7) DEFINITION: *If* (1.6) *takes place we say that* $\gamma(\xi)$ *is the* ***optimal value*** *of the* SLP

(1.8) $$\sup c(\xi)x$$
subject to

(1.9) $$x \in X(\xi).$$

In this case the DP is the problem of finding the probability distribution function and (or) some moments of the optimal value $\gamma(\xi)$ subject to some a priori probability distribution of $\mathfrak{A}(\xi) = (A(\xi), b(\xi), c(\xi))$.

With these notations the existence of the optimal value of a SLP is settled by:

(1.10) THEOREM: *The stochastic linear program* (1.8), (1.9) *has optimal value if and only if the following implications take place with probability 1.*

(1.11) $$(A(\xi)x \leqq 0, \quad x \geqq 0) \Longrightarrow (c(\xi)x \leqq 0),$$

(1.12) $$(yA(\xi) \geqq 0, \quad y \geqq 0) \Longrightarrow (yb(\xi) \geqq 0).$$

Proof. It follows from the duality theorem of linear programming [12].

(1.13) Remark. The SLP (1.1), (1.2) violates with positive probability (1.12) which in that case is $(yA(\xi) \leqq 0, \; y \geqq 0) \Longrightarrow (yb(\xi) \leqq 0)$; hence the SLP (1.1), (1.2) has not optimal value.

(1.14) *A pathologic example.* The following SLP satisfies the conditions of theorem (1.10):

(1.15) $$\gamma(\xi) = \min x$$
subject to

(1.16) $$x + \xi y \geqq 1,$$
$$x \geqq 0, \quad y \geqq 0,$$

where ξ is a normal random variable with zero mean value and standard deviation $\epsilon > 0$. If we replace ξ by its mean value, we obtain $\gamma(0) = 1$ and the corresponding basic optimal solution is $x = 1, \; y = 0$. One would expect that when ϵ is small enough, this solution should remain optimal with a probability near to 1 and that the corresponding expectation of the optimal value should be near to $\gamma(0)$. However it is easily seen that for arbitrary standard deviation $\epsilon > 0$, the expectation of the optimal value is *1/2*. This happens because the optimal value of the linear program (1.15), (1.16), considered as a parametric linear program is discontinuous in $\xi = 0$. We shall need to avoid such pathological cases in what follows and therefore we shall give a theorem of independent interest in parametric linear programming.

(1.17) THEOREM: *Let*

(1.18) $\gamma(A, b, c) = \max_x cx$

subject to

(1.19) $Ax \leqq b$, $x \geqq o$,

where the parametric components of the triple (A, b, c) belong to a compact interval U in a suitable Euclidean space.

If for every triple (A, b, c) in U, the following implications[5] *take place:*

(1.20) $(Ax \leqq o, \ x \geq o) \Longrightarrow (cx < o)$,

(1.21) $(yA \geqq o, \ y \geq o) \Longrightarrow (yb > o)$,

then $\gamma(A, b, c)$ *is defined and continuous in any open subset of U.*

Proof. The proof is based on the saddle point theorem of linear programming [13, p.121] and on the fact that (1.20), (1.21) imply that the sets of optimal solutions of the linear program (1.18), (1.19) and its dual are bounded for any triple *(A, b, c)* in *U*.

(1.22) Remark. Although the conditions of theorem (1.17) are sufficient but not necessary for the continuity of the optimal value, they are essential in the sense that if they are dropped, examples of parametric linear programs with discontinuous optimal value can be easily found. The parametric linear program (1.15), (1.16) where ξ is a real parameter is such an example.

(1.23) Assumption. The stochastic linear programs considered in the remainder of this paper satisfy (1.20) and (1.21) in Ω (A fortiori the existence of optimal value is assured according to Theorem (1.10)).

(1.24) Remark. The DP in this paper like in [2,3,4,5] differs of the passif stochastic programming of [18] and [1]. In [18] and [1] a certain fixed basis B of the matrix A is choosen which is optimal for the linear program which corresponds to a certain possible realization of the random variables (their mean values). Then it is computed the probability distribution function of a linear functional (the objective function) of the solution to the system of linear equations with random coefficients having B as determinant. Here the basis itself changes in accordance with the realizations of the random variables.

An approach similar to that of [18] and [1] is contained in [7] where is computed the *a priori* probability distribution of the objective value if TINTNER's procedure is applied to the *fixed* optimal basis corresponding to a certain sample of the coefficients drawn at *random*.

2. THE CARTESIAN INTEGRATION METHOD

Although the DP of a SLP with optimal value is solved in principle in the general case [4], there are not available computing methods, except for some special cases ([2], [10], [8]). Thus in [2] and [8] computing methods are provided for SLPs with only the objective function's coefficients or (and) the right hand side of the restrictions, random, and namely affine functions of a single random variable with known probability distribution. A computer code for such problems is presented in [8] and given in full in [9]. It provides the probability distribution function, expectation and variance of the optimal value in case of normal, exponential and uniform distributions as well as in the case of an arbitrary distribution given by a hystogram. We shall refer below to this computer program as STOPRO. In [10] BRACKEN and SOLAND consider a SLP with multinormal random vector of objective coefficients and non-random polytope of feasible solutions. They suppose that the set V of all vertices of this polytope is known. Samples of the vector of the objective coefficients are then generated and the corresponding samples of the optimal value are obtained using V. However simulation methods cannot be used in the general case, because there are no efficient methods for generating random vectors with dependent components and given probability distrubution function other then multinormal. But in the case of multinormal distribution of the coefficients of the restrictions, the SLP will not have in general optimal value (see Remark 1.13).

The method proposed here is suitable for application to SLPs dependent of not too a large number of random variables, although all the coefficients may be affine functions of these random variables and the program may have the dimensions met with in practical problems.

2.1. PARAMETRIC AND STOCHASTIC LINEAR PROGRAMMING

Suppose that r of the coefficients of the linear program are random variables. Then as shown in [4] a correspondence can be established between the bases of the SLP (1.8), (1.9) (i.e. $m \times m$ submatrices of the matrix $A(\xi)$ enlarged with the coefficients of the slack variables) and a family of non-overlapping sets in R^r, the *decision regions* of the SLP. The characteristic property of this correspondence is the following: a given basis remains optimal for all samples of the random coefficients in the corresponding decision region[6)]. The DP is solved in principle via the decision regions of the SLP [4]. But the remarkable fact about the decision regions is that they do not depend on the underlying probability measure of the coefficients but only on their parametric structure i.e., on the particular ordered subset of components of the triple (A, b, c) which are random, and their domain of variation. It is therefore reasonable to look for a computation method for the DP in which computation related to this parametric structure is separated from the computations which depend on the probability measure. Thus the results of the first part of the computations could be stored and then used for various SLPs with the same parametric structure but various probability distributions of the coefficients[7)] (non-stationary stochastic linear programming). We shall see that the Cartesian Integration Method has this characteristic.

2.2. CARTESIAN QUADRATURE FORMULAS

We shall need some new results on the convergence of Cartesian quadrature formulas.

Let $\prod_{i=1}^{s}[a_i, b_i] = [a, b] \subset R^s$ and $C_{[a,b]}$

be the class of real functions defined and continuous on $[a, b]$.

Let (T_{k1}, T_{k2}), $k = 1, \ldots, s$ be s pairs of infinite arrays of real numbers

$$T_{k,1}: \quad \begin{array}{c} c_{k,1}^{(1)} \\ c_{k,1}^{(2)}, \; c_{k,2}^{(2)} \\ \cdots\cdots\cdots \\ c_{k,1}^{(n)}, \ldots, c_{k,n}^{(n)} \\ \cdots\cdots\cdots \end{array} \qquad \text{and} \qquad T_{k,1}: \quad \begin{array}{c} x_{k,1}^{(1)} \\ x_{k,1}^{(2)}, \; x_{k,2}^{(2)} \\ \cdots\cdots\cdots \\ x_{k,1}^{(n)}, \ldots, x_{k,n}^{(n)} \\ \cdots\cdots\cdots \end{array}$$

where all $(x_{1,i_1}^{(n)}, \ldots, x_{s,i_s}^{(n)}) \in [a,b]$.

The functional $L_n^s(f) = \sum_{i_1=1}^{n} \ldots \sum_{i_s=1}^{n} c_{1,i_1}^{(n)} \ldots c_{s,i_s}^{(n)} f(x_{1,i_1}^{(n)} \ldots x_{s,i_s}^{(n)})$

is called a Cartesian (product) multidimensional quadrature formula (see STROUD and SECREST [17] and we write $\int_{[a,b]} f(x)dx \simeq L_n^{(s)}(f)$, where dx is the element of volume in R^s.

We shall also introduce the operator $\Omega_n^s : C_E \to C_{[a_{s+1}, b_{s+1}]}$, where $E = [a,b] \times [a_{s+1}, b_{s+1}]$, defined by

$$\Omega_n^s(g;y) = \sum_{i_1=1}^{n} \ldots \sum_{i_s=1}^{n} c_{1,i_1}^{(n)} \ldots c_{s,i_s}^{(n)} g(x_{1,i_1}^{(n)}, \ldots, x_{s,i_s}^{(n)}; y).$$

Suppose that for all $k = 1, \ldots, s$, $c_{k,i_k}^{(n)} (x_{k,i_k}^{(n)})$, $i_k = 1, \ldots, n$ are the coefficients (nodes) of one-dimensional Gaussian quadrature formulae.

(2.1) THEOREM: *We have*

$$\lim_{n\to\infty} \Omega_n^s(f) = \int_{[a,b]} f(x)dx \tag{2.2}$$

$$\lim_{n\to\infty} \Omega_n^s(g;y) = \int_{[a,b]} f(x;y)dx \tag{2.3}$$

and the convergence in (2.3) *is uniform.*

Proof. It follows from a generalization to multidimensional quadrature formulae (see Appendix of [6]) of the theorem of Polya-Steklov on the convergence of unidimensional quadrature formulae [14].

(2.4) DEFINITION: *We say that the linear functional (operator) V defined on the space, of continuous real valued functions on a compact multidimensional interval, is a Q-approximation of the functional (operator) U defined on the same space, and we write $V \simeq U$ if V is obtained from U by replacing a multiple integral through a Cartesian quadrature formula.*

2.3. Q-APPROXIMATION FORMULAE FOR STOCHASTIC PROGRAMMING

We shall make the following assumptions concerning the SLP (1.8), (1.9):

a) Ω is a compact r-dimensional interval $[a,b]$ in E^r, the random vector ξ is absolutely continuous and its probability density function $f(.)$ is continuous on $[a,b]$.

b) The Assumption (1.23) is satisfied on a compact interval which contains the sample space of $(A(\xi),\ b(\xi),\ c(\xi))$.

c) The components of the triple $(A(\xi),\ b(\xi),\ c(\xi))$ are affine function of the components of ξ (possibly constants).

Set $\xi^s = (\xi_1, \dots, \xi_s)$ $(s < r)$, $f_s(x_1, \dots, x_s)$ be the marginal density of ξ^s and $E(\gamma | x_1, \dots, x_s)$, $F_\gamma(z | x_1, \dots, x_s)$ be respectively the conditional expectation and the conditional probability distribution function of the optimal value $\gamma(\xi)$ for $\xi^s = (x_1, \dots, x_s)$.

Let $A_i^{(n)}$ and $t_i^{(n)}$, $i = 1, \dots, n$ be the coefficients and nodes of a Gaussian quadrature formula with n nodes on the interval $[-1, +1]$.

(2.5) THEOREM: *We have the following relations*

$$(2.6)\qquad E(\gamma) \simeq M \sum_{i=1}^{n} \dots \sum_{p=1}^{n} A_i^{(n)} \dots A_p^{(n)} E(\gamma | x_{1i}^{(n)}, \dots, x_{sp}^{(n)}) f_s(x_{1i}^{(n)}, \dots, x_{sp}^{(n)}),$$

$$(2.7)\qquad F_\gamma(z) \simeq M \sum_{i=1}^{n} \dots \sum_{p=1}^{n} A_i^{(n)} \dots A_p^{(n)} F_\gamma(z | x_{1i}, \dots, x_{sp}) f_s(x_{1i}, \dots, x_{sp})$$

where $M = 2^{-s} \prod_{k=1}^{s} (b_k - a_k)$,

$$(2.8)\qquad x_{kl}^{(n)} = 1/2(b_k - a_k) t_l^{(n)} + 1/2(a_k + b_k),\quad l = 1, \dots, n;\quad k = 1, \dots, s$$

and the sense of the simbol $\simeq$ is that introduced in (2.4).

Proof. It follows from the assumption a), b), and the fact that expectation of conditional expectation (probability distribution function) yields unconditional expectation (probability distribution function).

Relations analogous to (2.6) are valid for higher order moments which exists because a), b) and Theorem (1.17).

We see that we are here in the conditions of Theorem (2.1). Indeed because assumptions b) and Theorem (1.17) the optimal value is a continuous function of the random parameters, if randomness is disregarded. It can be shown then, that $E(\gamma|x_1,\ldots,x_s)$ is a continuous function of $(x_1,\ldots,x_s)$. So is also $F_\gamma(z|x_1,\ldots,x_s)$ separately in z (because Lemma 4 of [5]) and in $(x_1,\ldots,x_s)$, because Theorem (1.17). In fact it is possible to show that $F(z|x_1,\ldots,x_s)$ is continuous jointly in $(z,x_1,\ldots,x_s)$. Let

$$E_n(\gamma) = M\sum_{i=1}^{n}\ldots\sum_{p=1}^{n} A_i^{(n)}\ldots A_p^{(n)} E(\gamma|x_{1i}^{(n)},\ldots,x_{sp}^{(n)})f_s(x_{1i}^{(n)},\ldots,x_{sp}^{(n)})$$

and

$$F_{\gamma n}(z) = M\sum_{i=1}^{n}\ldots\sum_{p=1}^{n} A_1^{(n)}\ldots A_p^{(n)} F_\gamma(z|x_{1i}^{(n)},\ldots,x_{sp}^{(n)})f_s(x_{1i}^{(n)},\ldots,x_{sp}^{(n)}).$$

Applying Theorem (2.1) we obtain the following result.

(2.9) THEOREM: *The Q-approximation formulae* (2.6), (2.7) *are convergent i.e.*

$$\lim_{n\to\infty} E_n(\gamma) = E(\gamma), \tag{2.10}$$

$$\lim_{n\to\infty} F_{\gamma n}(z) = F_\gamma(z), \tag{2.11}$$

and the convergence in (2.11) *is uniform.*

(2.12) Remark. In Theorem (2.5) we can take different number of nodes in the one-dimensional quadrature formulae of (2.6) and (2.7).

As seen in Theorems (2.5) and (2.9) the DP for a SLP dependent on r random variables is reduced to the solution of the DP for SLPs dependent on s random variables $(s < r)$.

2.4. COMPUTER IMPLEMENTATION

When $q = r-s = 1$, the numbers $E(\gamma|x_{1i},\ldots,x_{sp})$ and the functions $F_\gamma(z|x_{1i},\ldots,x_{sp})$ are respectively the expectations and probability distribution functions of the optima of SLPs depending on a single random variable. Hence the computer code

STOPRO [9] can be used. When $q = 2$ the SLPs depend on two random variables. In such a case a geometric representation in the plane of the decision regions can be used for computing the $E(\gamma \mid x_{1i}^{(n)}, \ldots, x_{sp}^{(n)})$ and $F_\gamma(z \mid x_{1i}^{(n)}, \ldots, x_{sp}^{(n)})$. In the case $q = 1$, the computation takes place as follows.

a) Compute and store $x_{kl}^{(n)}$: $k = 1, \ldots, s$; $l = 1, \ldots, n$, using (2.8).

b) Use STOPRO for each of the SLPs obtained by replacing $(\xi_1, \ldots, \xi_s)$ through $(x_{1i}^{(n)}, \ldots, x_{sp}^{(n)})$.

c) After repeating steps a) and b) for all s-tuples $(i, j, \ldots, p)$, use formulae (2.6) and (2.7) for computing $E(\gamma)$ and tabulating $F_\gamma(z)$.

The computation may be programmed to be performed sequencely for $q = 2, 3, \ldots, r$ random variables and print the corresponding results. The running time has two components which grow exponentially with the number of random variables involved: the first depends on the probability distribution function and the number of critical values (inputs of STOPRO), but otherwise doesnot depend on the overall dimensions of the linear program; the second (parametrization procedures of MPS [15]) depends on the overall dimensions of the linear program, but doesnot depend on the probability distribution function. Examples and discussion of the running time is contained in [6].

(2.13) REMARK

According to STROUD and SECREST [17, p. 38] the upper limit (in 1966) to the dimensions of a domain for which Cartesian quadrature formulae may be used is 16. This provides an upperbound on r. However in view of the type of function to be integrated this upperbound should be smaller.

* * *

1) This is the write-up of a talk given at the Conference on "Numerical methods in optimization problems", Oberwolfach, 14-20 November, 1971. Detailed proofs are given in [6].

2) In general this will not be the case. See Remark (1.13).

3) There is some difference between the approach here and that of [18]. See Remark (1.24).

4) See Remark (2.13).

[5] $a \geq o$, where $a = (a_1, \ldots, a_n)$ means $a_i \geqq o$ $(i = 1, \ldots, n)$ and $a \neq o$ (in the case of vectorial relations, o stands for the zero-vector).

[6] If only $c(\xi)$ or $b(\xi)$ are random in (1.8), (1.9), then the decision regions are convex polyhedra [3].

[7] In practical problems which have to be solved repeatedly at different times the parametric structure of the corresponding SLP may remain unchanged while the probability measure may change because supplementary information or other reasons.

REFERENCES

1. Babbar, M.M.: Distribution of solutions of a set of linear equations (with an application to linear programming). J.Amer.Stat.Assoc., 50 (1955), 854-869.

2. Bereanu, B.: On stochastic linear programming I. Distribution problems: a single random variable. Rev.Math.Pures et appl., 4 (1963), 683-697.

3. Bereanu, B.: Regions de décision et répartition de l'optimum dans la programmation linéaire. C.R.Acad.Sci., Parin, 259 (1964), 1383-1386.

4. Bereanu, B.: On stochastic linear programming. Distribution problems: stochastic technology matrix. Z.f.Wahrscheinlichkeitstheorie u. verw. Gebiete, 8 (1967), 148-152.

5. Bereanu, B.: Renewal processes and some stochastic programming problems in economics. SIAM J.Appl.Math. 19 (1970), 308-322.

6. Bereanu, B.: The distribution problem in stochastic linear programming. The Cartesian Integration Method. Center of Mathematical Statistics of the Academy of RSR, Bucharest (1971), 71-103 (mimeographed).

7. Bereanu, B.: On stochastic linear programming. The Laplace transform of the distribution of the optimum and applications. J.Math.Anal.and Appl. 15 (1966), 280-294.

8. Bereanu, B. and G. Peeters: A 'wait-and-see' problem in stochastic linear programming. An experimental computer code. Cahiers Centre Etudes Rech. Opér., 12, no.3, (1970), 133-148.

9. Bereanu, B. and G. Peeters: A 'wait-and see' problem in stochastic linear programming. An experimental computer code, DP 6815, Center for Oper. Res.an Econometrics, Catholic Univ.of Louvain, Heverlee, 1968.

10. Bracken, J. and R.M. Soland: Statistical decision analysis of stochastic linear programming problems. Naval Res.Logistic. Quart., 13, 2 (1966), 205-225.

11. Charnes, A., Cooper, W.W. and G.L. Thompson: Critical path analysis via chance-constrained and stochastic programming. Oper.Res. 12, 3 (1964), 460-470.

12. Goldman, A.J. and A.W.Tucker: Theory of linear programming in H.W. Kuhn and A.W.Tucker (des.), Linear inequalities and related systems. Princeton Univ.Press (1956).

13. Karlin, S.: Mathematical methods and theory in games, programming and economics. Vol.I, Addison-Wesly, Cambridge, Mass. (1959).

14. Krylov, V.I.: Approximate calculations of integrals. London, McMillan, 1962.

15. Mathematical Programming Systems 360 (360-Co-14x). Linear and separable programming - User's Manual, IBM, New York, 1967.

16. Mihoc, G.: Some clarifications concerning the application of linear programming (Romania). Revista de statistica, 12 (1959), 13-18.

17. Stroud, A.N. and D.Secrest: Gaussian Quadrature Formulas. Prentice Hall, N.J., 1966.

18. Tintner, G.: Stochastic linear programming with applications to agricultural economics. Proced.Symp.on Linear Programming, 2, Washington D.C. (1955), 197-228.

ANWENDUNGEN DER DUALITÄT DER OPTIMIERUNGSTHEORIE AUF NICHTLINEARE APPROXIMATIONSAUFGABEN

von L. Collatz in Hamburg

In einer früheren Arbeit, COLLATZ [2], wurde der schwache Dualitätssatz für lineare Optimierungsaufgaben mit unendlich vielen Restriktionen nach der Theorie von KRABS [3] und LEMPIO [7] auf lineare Approximationsaufgaben angewendet. Dabei ergaben sich Einschließungssätze für die Minimalabweichung, welche im allgemeinen schärfer sind als die klassischen Einschließungssätze, MEINARDUS [8].

Nun haben KRABS [4] und LEMPIO [6] auch nichtlineare Optimierungsaufgaben mit unendlich vielen Restriktionen betrachtet und LEMPIO [7] auch Dualitätssätze aufgestellt. Man kann aber auch Dualitätssätze in dem Umfange, in dem sie hier gebraucht werden, direkt elementar gewinnen. Sie sollen im folgenden auf einfache, nichtlineare Approximationsaufgaben angewendet werden, und es ergeben sich dann wieder Einschließungssätze für die Minimalabweichung. Die Anwendung gestaltet sich aber wesentlich schwieriger als bei linearen Approximationsaufgaben.

1. DIE OPTIMIERUNGSAUFGABE

B sei ein abgeschlossenes Gebiet des n-dimensionalen Raumes R^n der Vektoren $x = \{x_1, \ldots, x_n\}$ und $C\langle B\rangle$ sei der lineare Raum der in B stetigen reellwertigen Funktionen $g(x)$. Es sei $W = \{w(x,a)\}$ eine Teilmenge aus $C\langle B\rangle$, die von einem Parametervektor $a = \{a_1, \ldots, a_p\}$ abhängt und f sei ein festes Element aus $C\langle B\rangle$, das nicht zur Klasse W gehört. Nun soll f durch Funktionen $w \in W$ im Tschebyscheff'schen Sinne möglichst gut approximiert werden, wobei drei Typen von Aufgabenklassen näher betrachtet werden sollen.

Unter den unendlich vielen Restriktionen

$$(1.1) \qquad -\delta_1 \leq w(x,a) - f(x) \leq \delta_2 \qquad \text{für alle } x \in B$$

soll die Zielfunktion

$$(1.2) \qquad Q = \delta_1 + \delta_2 = Min$$

einen möglichst kleinen Wert annehmen. Das ist eine oft nichtlineare Optimierungsaufgabe für die Variablen $a_1, \ldots, a_p, \delta_1, \delta_2$. Hierin sind die drei Fälle enthalten (ABADIE [1], S. 290-295):

1. $\delta_1 = \delta_2$, gewöhnliche Tschebyscheff-Approximation, kurz TgA,
2. $\delta_1 = o$, einseitige Tschebyscheff-Approximation, kurz TeA.
3. Keine Festlegung für δ_1, im allgemeinen unsymmetrische Tschebyscheff-Approximation, kurz TuA, vergleiche hierzu das Beispiel in Nr. 3. Es ist aber sinnvoll $\delta_1 \geq o$, $\delta_2 \geq o$ hinzuzunehmen.

2. DIE DUALE AUFGABE

Es sei R^* der Dualraum der linearen beschränkten Funktionale $l(h)$, die für Funktionen $h \in C(B)$ definiert sind. Ein Funktional $l(h)$ heißt nichtnegativ, in Zeichen $l > \theta$, wenn

$$(2.1) \qquad l(h) \geq o \qquad \text{für alle Funktionen } h \text{ mit } h(x) \geq o \text{ in } B$$

gilt. Insbesondere sind die Punktfunktionale, welche jeder Funktion h den Wert in einem festen Punkte $P \in B$ nach $l(h) = h(P)$ zuordnen, nichtnegativ und alle Linearkombinationen von ihnen mit nichtnegativen Koeffizienten q_j

$$(2.2) \qquad l(h) = \sum_{j=1}^{r} q_j\, h(P_j),$$

wobei die P_j festgewählte Punkte aus B sind. Dann lautet das

duale Problem: Ein Paar l_1, l_2 linearer, beschränkter, nichtnegativer Funktionale heißt zulässig für das duale Problem, wenn gilt

(2.3) $$A = l_1(w) - l_2(w) \leq 0 \quad \text{für alle } w \in W \quad \text{und } l_1(1) = l_2(1) = 1.$$

Als Zielfunktion wird genommen

(2.4) $$Q^* = l_1(f) - l_2(f) = Max.$$

Dann folgt der

schwache Dualitätssatz: Ist $a_1, \ldots, a_p, \delta_1, \delta_2$ *ein zulässiger Vektor für das Ausgangsproblem* (1.1) (1.2) *und das Paar* l_1, l_2 *zulässig für das duale Problem, so gilt*

(2.5) $$l_1(f) - l_2(f) \leq \delta_1 + \delta_2.$$

Beweis: Da l_1 und l_2 lineare, nichtnegative Funktionale sind, folgt unmittelbar aus (1.1) und anschließend unter Benutzung von (2.3):

(2.6) $$\begin{aligned} o &\leq l_1(-f + w + \delta_1) + l_2(f - w + \delta_2) \\ &= -l_1(f) + l_2(f) + [l_1(w) - l_2(w)] + \delta_1 + \delta_2 \\ &\leq -l_1(f) + l_2(f) + \delta_1 + \delta_2. \end{aligned}$$

Das ergibt aber unmittelbar (2.5).

3. EINE QUADRATISCHE APPROXIMATIONSAUFGABE

Die Bedingung (2.3) ist sehr einschneidend für die Anwendungen. Es gibt aber auch Fälle, in welchen Bedingung (2.3) sogar mit dem Gleichheitszeichen erfüllt werden kann.

Als Beispiel werde genannt: Es sei B das Intervall $[a, b]$ der eindimensionalen reellen x-Achse und W die Klasse der Funktionen

(3.1) $$w = (a_1 + a_2 x)^2.$$

Es seien s und t zwei festgewählte reelle Zahlen derart, daß s und $s + 3t$ dem

Intervall $[a, b]$ angehören. Man rechnet dann sofort nach, daß die beiden nichtnegativen Funktionale

(3.2)
$$\begin{cases} l_1(h) = \frac{1}{4}[h(s) + 3h(s+2t)] \\ l_2(h) = \frac{1}{4}[3h(s+t) + h(s+3t)] \end{cases}$$

für alle Funktionen w der Klasse (3.1) die Beziehung erfüllen:

(3.3)
$$l_1(w) = l_2(w).$$

Führt man den Differenzenoperator Δ_t ein durch

(3.4)
$$\Delta_t h(x) = h(x+t) - h(t),$$

so wird

(3.5)
$$l_1(h)-l_2(h) = \frac{1}{4}[h(s)-3h(s+t) + 3h(s+2t) - h(s+3t)] = -\frac{1}{4}\Delta_t^3 h(s).$$

Da in (2.3) $A = o$ gilt und somit l_1 und l_2 miteinander vertauscht werden können, liefert der Dualitätssatz (2.5) die Aussage

(3.6)
$$\frac{1}{4}|\Delta_t^3 f(s)| \leq \delta_1 + \delta_2.$$

Es gibt auch andere Paare zulässiger Funktionale, z.B.

(3.7)
$$\begin{cases} l_1(h) = \frac{1}{3}[h(s) + 2h(s+3t)] \\ l_2(h) = \frac{1}{3}[2h(s+t) + h(s+4t)], \end{cases}$$

wobei natürlich vorausgesetzt wird, daß auch $s + 4t$ im Intervall $[a, b]$ liegt. Wieder gilt die Identität (3.3) und damit nach dem Dualitätssatz die untere Schranke

(3.8)
$$\frac{1}{3}|h(s)-2h(s+t) + 2h(s+3t) - h(s+4t)| \leq \delta_1 + \delta_2.$$

Numerisches Beispiel:

Im Intervall $[o, 1]$ soll $f(x) = x^3$ durch Funktionen w der Form (3.1) im Tschebyscheff'schen Sinne approximiert werden, Abb. 1a. Die beste Approximation lautet hier

(3.9) $$w = \frac{3}{2}(x - \frac{3}{16})^2.$$

Es liegt eine unsymmetrische Tschebyscheff-Approximation mit der Fehlerkurve $\epsilon(x) = w(x) - f(x)$ in der Abb. 1b und den Abweichungen $\delta_1 = \frac{5}{512}$, $\delta_2 = \frac{27}{512}$, $\delta_1 + \delta_2 = \frac{1}{16}$ vor. Benutzt man die Funktionale (3.2) mit $s = 0$, $t = \frac{1}{3}$, so erhält man als untere Schranke in (3.6) die Abschätzung

$$\frac{1}{18} \leq \delta_1 + \delta_2$$

(anstelle des exakten Wertes $\delta_1 + \delta_2 = \frac{1}{16}$).

Dagegen liefern die Funktionale (3.7) mit $s = 0$, $t = \frac{1}{4}$ in (3.8) die Abschätzung

$$\frac{1}{16} \leq \delta_1 + \delta_2.$$

Da aber für die Funktion w aus (3.9) die Summe der Maximalbeträge der positiven und negativen Fehler $\frac{1}{16}$ beträgt, also $\delta_1 + \delta_2 \leq \frac{1}{16}$ gilt, hat man damit den Nachweis, daß die Funktion w aus (3.9) beste Tschebyscheff-Approximation ist.

4. QUADRATISCHE APPROXIMATION BEI ZWEI UNABHÄNGIGEN VERÄNDERLICHEN

Jetzt sei B der abgeschlossene Bereich in der x-y-Ebene (x, y geschrieben statt x_1, x_2) und W die Klasse der Funktionen

(4.1) $$w = (a_1 + a_2 x + a_3 y)^2.$$

Mit vier beliebig gewählten, aber festen reellen Zahlen x_0, y_0, s, t gilt dann für die Funktionale

(4.2) $$\begin{cases} l_1(h) = \frac{1}{3}[h(x_0 + s, y_0) + h(x_0, y_0 + t) + h(x_0 - s, y_0 - t)] \\ l_2(h) = \frac{1}{3}[h(x_0 + s, y_0 + t) + h(x_0 - s, y_0) + h(x_0, y_0 - t)] \end{cases}$$

die Identität

$$l_1(w) = l_2(w) \tag{4.3}$$

für alle Funktionen w von (4.1), und unter der Voraussetzung, daß alle verwendeten Punkte in B liegen, bekommt man ganz analog zur vorigen Nummer aus dem Dualitätssatz die Abschätzung

$$|l_1(f) - l_2(f)| \leq \delta_1 + \delta_2 \tag{4.4}$$

für die Approximation einer gegebenen Funktion $f(x,y)$ durch Funktionen der Klasse (4.1). Die Lage der verwendeten Punkte ist in Abb. 2 skizziert.

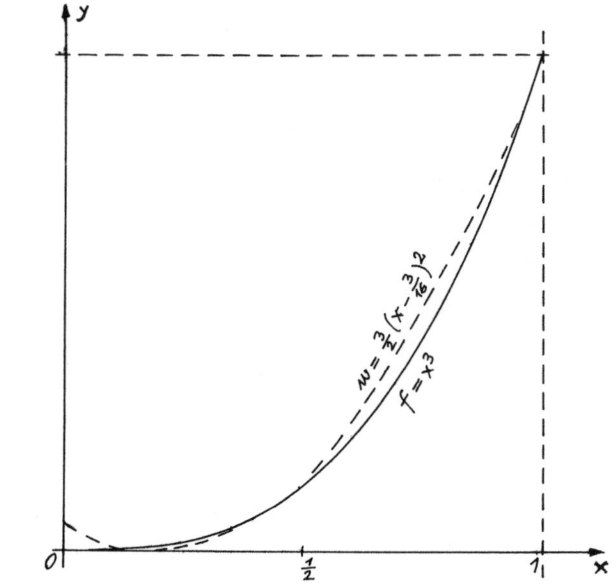

Abb. 1a

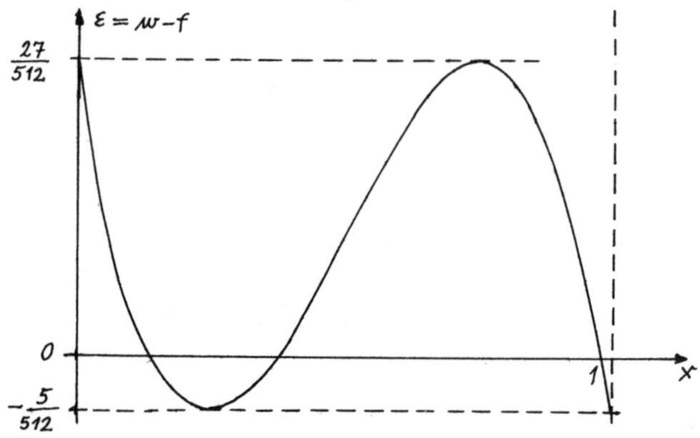

Abb. 1b

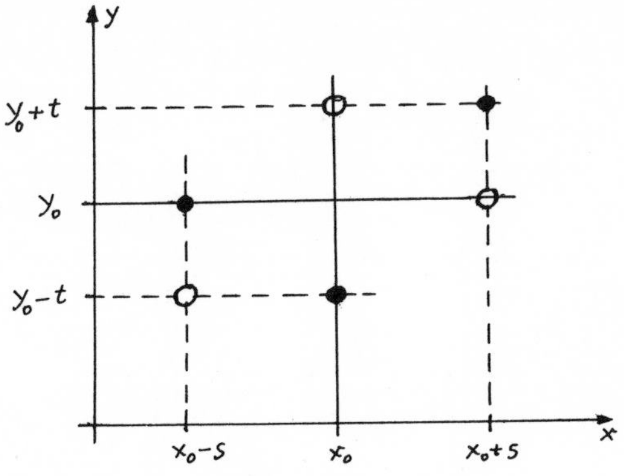

Abb. 2

LITERATUR

1. Abadie, J.: Nonlinear and integer programming. Proc. Symp. Ile de Bendor, speziall L. Collatz: Applications of nonlinear optimization to approximation problems, 1970, 285-308.
2. Collatz, L.: Approximationstheorie und Dualität bei Optimierungsaufgaben. Proc. Symp. Numer. Methoden der Approximationstheorie, Oberwolfach, Juni 1971, Birkhäuser Verlag, ISNM 16 (1972), 33 - 39.
3. Krabs, W.: Lineare Optimierung in halbgeordneten Vektorräumen. Num. Math. 11 (1968), 220-231.
4. Krabs, W.: Nichtlineare Optimierung mit unendlich vielen Nebenbedingungen. Computing 7, (1971), 204-214.
5. Krabs, W.: Zur Dualitätstheorie bei linearen Optimierungsproblemen in halbgeordneten Vektorräumen. Math. Z. 121 (1971), 320-328.
6. Lempio, F.: Separation und Optimierung in linearen Räumen. Dissertation, Universität Hamburg, Mai 1971, 52 S.
7. Lempio, F.: Lineare Optimierung in unendlichdimensionalen Vektorräumen. Computing 8 (1971), 284-290.
8. Meinardus, G.: Approximation von Funktionen und ihre numerische Behandlung. Springer 1964, 180 S.

ITERATIVE LÖSUNG LINEARER UNGLEICHUNGSSYSTEME

von U. Eckhardt in Jülich

1. EINLEITUNG

Es gibt verschiedene Verfahren zur Lösung eines linearen Ungleichungssystems

$$\sum_{j=1}^{d} a_{ij} \cdot x_j \geq b_i, \qquad i = 1, \ldots, n. \tag{1.1}$$

Weit verbreitet sind Eliminationsalgorithmen (s. TSCHERNIKOW [6]), zu denen auch die Simplexmethode zählt (s. COLLATZ und WETTERLING [2]).

Daneben gibt es noch eine Vielzahl von iterativen Methoden, etwa die von AGMON [1]. Man kann sie als Spezialisierungen allgemeinerer Relaxationsverfahren auffassen. Eine zusammenfassende Darstellung solcher Relaxationsverfahren findet man in einem Artikel von LJUBICH und MAISTROVSKII [5]. Typisch für diese Verfahrensklasse ist lineare Konvergenz und große numerische Stabilität.

Bei den Relaxationsverfahren zur Lösung von (1.1) muß man fordern, daß das System (1.1) lösbar ist, um Konvergenz zu gewährleisten. Ist diese Voraussetzung nicht erfüllt, dann kann man keine sinnvollen Schlüsse aus dem Verhalten der Iterierten ziehen.

Es soll hier ein Verfahren skizziert werden, das für Ungleichungssysteme in einem Hilbertraum anwendbar ist. Ist das vorgelegte Ungleichungssystem nicht lösbar, dann liefert das Verfahren eine Lösung eines dazu dualen Systems. Es zeichnet sich außerdem durch große Einfachheit, numerische Stabilität und u.U. durch lineare Konvergenz aus.

Eine Anwendung auf ableitungsfreie Restgliedschranken bei der numerischen Quadratur wird vorgeführt.

2. EIN VERFAHREN

Es sei H ein Hilbertraum mit Skalarprodukt $\langle .,. \rangle$ und Norm $\|x\|^2 = \langle x,x \rangle$. Weiterhin sei M eine Teilmenge von H, $K = conv\ M$ die konvexe Hülle von M und $cl\ K = cl\ conv\ M$ die abgeschlossene Hülle von K. Schließlich sei b ein festes Element aus H.

Wir betrachten die Aufgabenstellung

(A) Gesucht ist eine Folge $\{x_r\}$ mit $x_r \in K$ für alle r und $\lim_{r\to\infty} x_r = b$.

Die folgende Aufgabe nennen wir die zu (A) duale Aufgabe:

(D) Gesucht ist ein Element $\hat{x} \in H$, so daß $\langle \hat{x}, y-b \rangle > o$ für alle $y \in M$.

Der Trennungssatz für abgeschlossene konvexe Mengen (s. VALENTINE [7]) besagt, daß mindestens eine der beiden Aufgaben (A) bzw. (D) lösbar ist.

Zur Abkürzung setzen wir für $x, y \in H$:

$$\Phi(x,y) = \langle x-b,\ y-b \rangle$$

und

$$\varphi(x) = \Phi(x,x) = \|x-b\|^2.$$

Die folgende Voraussetzung sei erfüllt:

(V) Es gibt eine Zahl m, so daß $\varphi(x) \leq m$ für alle $x \in M$.

Schließlich sei für jedes $x \in K$ eine Auswahlmenge $A(x) \subset M$ definiert, die wir später noch festlegen werden.

Damit definieren wir das Verfahren (VF)

VF: O. Sei $x_1 \in K$, $r := 1$.

1.1. $A(x_r) = \emptyset$. Wir brechen ab.

1.2. Ansonsten sei $y_r \in A(x_r)$ gewählt.

2. Wir setzen

$$\mu_r = \frac{\varphi(y_r)-\Phi(x_r,y_r)}{\varphi(x_r)+\varphi(y_r)-2\cdot\Phi(x_r,y_r)} \tag{2.1}$$

$$x_{r+1} = \mu_r\cdot x_r + (1-\mu_r)\cdot y_r. \tag{2.2}$$

3. $r := r+1$, gehe zu 1.

Schritt 2. bedeutet, daß x_{r+1} auf der Geraden durch x_r und y_r so bestimmt wird, daß $\varphi(x_{r+1})$ minimal ist.

Mit der Auswahlmenge

$$A_0(x) = \{y \in M \mid \langle x,y\rangle \leq 0\}$$

gilt der

SATZ 2.1: *Wählt man bei jedem Schritt* $y_r \in A_0(x_r)$, *dann ist* $x_r \in K$ *und*

$$\varphi(x_r) \leq \frac{m}{r} \tag{2.3}$$

für alle r.

Demzufolge ist entweder $\lim x_r = b$ *oder* (VF) *bricht nach endlich vielen Schritten ab mit* $A_0(x_r) = \emptyset$, *d.h.* $\hat{x} = x_r - b$ *ist eine Lösung von* (D).

Beweisskizze: $x_r \in K$ für alle r folgt aus $x_1 \in K$ und $y_r \in M$ für alle r. $y_r \in A_0(x_r)$ impliziert $o \leq \mu_r \leq 1$ für alle r.

(2.3) wird durch Induktion aus (2.1) und (2.2) unter Ausnutzung von (V) bewiesen.

Die Abschätzung (2.3) ist streng, wie das folgende Beispiel zeigt:

Beispiel 2.1: Es sei $M = \{e_k\}_{k=1}^{\infty}$ ein Orthonormalsystem in H und $b = \theta_H$, das Nullelement von H. Dann wird in (V) $m = 1$. Mit $x_1 = e_1$ ist $\Phi(x_1, e_j) = 0$ für $j > 1$.

Wählen wir $y_1 = e_2$, wird $x_2 = \frac{1}{2}\cdot(e_1 + e_2)$ und allgemein, wie man durch Induktion nachweist, mit $y_r = e_{r+1}$:

$$x_r = \frac{1}{r}\cdot\sum_{j=1}^{r} e_j,$$

also

$$\varphi(x_r) = \frac{1}{r}.$$

Zu schärferen Konvergenzaussagen kommen wir, wenn wir die Lage von b bezüglich K geeignet charakterisieren. Wir nennen

$$\alpha = \sup_{\substack{x \in K \\ x \neq b}} \inf_{\substack{y \in M \\ y \neq b}} \frac{\langle x-b, y-b \rangle}{\|x-b\| \cdot \|y-b\|}$$

die Öffnung der erzeugenden Menge M bezüglich b. Es ist $\alpha > 0$ genau dann, wenn $b \notin cl K$.

Wir untersuchen den Fall $\alpha < 0$.
Mit der Auswahlmenge

$$A_\delta(x) = \{y \in M \mid \Phi(x,y) \leq \delta \cdot \alpha \cdot \sqrt{\varphi(x) \cdot \varphi(y)}\},$$

wobei $0 < \delta \leq 1$, gilt die Konvergenzaussage

SATZ 2.2: *Sei $\alpha < 0$, $0 < \delta \leq 1$, und bei jedem Schritt des Verfahrens* (VF) *werde $y_r \in A_\delta(x_r)$ gewählt. Dann konvergiert die Folge der x_r gemäss*

$$\varphi(x_r) \leq \varphi(x_1) \cdot (1-\delta^2 \cdot \alpha^2)^{r-1}$$

gegen b.

Man beweist Satz 2.2, indem man $\varphi(x_r)$ unter Ausnutzung von $y_r \in A_\delta(x_r)$ abschätzt. Es sei angemerkt, daß (V) hier nicht benötigt wird.

Noch schärfere Aussagen kann man finden, wenn man geeignete topologische Forderungen stellt - etwa M abgeschlossen - bzw. wenn H endlichdimensional ist oder M eine endliche Menge.

3. ANWENDUNG AUF QUADRATFORMELN

Es sei $H = H_2$ der Hardy'sche Hilbertraum aller im Inneren der Einheitskreisscheibe der komplexen Zahlenebene holomorphen Funktionen $f(z) = \sum_{j=0}^{\infty} a_j \cdot z^j$, so daß

$$\|f\|^2 = \sum_{j=0}^{\infty} |a_j|^2 < \infty.$$

Sind $f = \Sigma\, a_j \cdot z^j$ und $g = \Sigma\, b_j \cdot z^j$ zwei Elemente aus H, dann ist

$$\langle f, g\rangle = \Sigma\, a_j \cdot \bar{b}_j \, .$$

Der Einfachheit halber beschränken wir uns auf Funktionen mit reellen Entwicklungskoeffizienten a_j.

In H_2 definieren wir das lineare Funktional

$$If = \int_0^1 f(t)\, dt,$$

sowie für $0 \leq t < 1$ die Punktfunktionale

$$P_t f = f(t).$$

Gesucht ist eine Darstellung von I als Grenzwert einer Folge von Linearkombinationen der P_t mit nichtnegativen Koeffizienten (vgl. [8] und [3]), d.h. eine Approximation von I durch Quadraturformeln mit positiven Gewichten.

Es sei

$$J_r = \sum_{j=1}^{r} w_j \cdot P_{t_j}$$

eine solche Quadraturformel mit den Gewichten w_j und den Knoten t_j . Wir setzen

$$E_r = I - J_r \, .$$

WILF [8] zeigte 1964, daß es eine Folge von Quadraturformeln mit positiven Gewichten gibt, so daß

$$\| E_r^{(W)} \|^2 = O(\frac{\log r}{r}).$$

1971verbesserten ENGELS und MANGOLD [4] dieses Ergebnis, indem sie die Existenz einer Folge von Quadraturformeln mit positiven Gewichten bewiesen, so daß

$$\| E_r^{(E,M)} \|^2 = O(\frac{1}{r}).$$

Mit Hilfe des Satzes 2.1 kann man dieses Ergebnis noch etwas verschärfen. Dazu setzen wir

$$M = \{\tfrac{\pi}{2} \cdot P_t \cdot \sqrt{1-t^2} \mid t \in [o, 1)\}$$

und $b = I$. Dann ist $\varphi(x) = \frac{\pi^2}{4}$ für alle $x \in M$, also ist (V) erfüllt. Weiterhin ist die Aufgabe (D) nicht lösbar. Wäre nämlich $f(z) = \Sigma\, a_j \cdot z^j$ eine Lösung von (D) (f ist ein Element des Dualraumes $H^* = H$ von H), dann wäre für alle $t \in [o, 1)$:

$$o < \langle f, \tfrac{\pi}{2} \cdot \sqrt{1-t^2} \cdot P_t - I \rangle = \tfrac{\pi}{2} \cdot \sqrt{1-t^2} \cdot f(t) - \int_o^1 f(s)\, ds.$$

Daraus folgt

$$o < \tfrac{\pi}{2} \cdot \int_o^1 f(t)dt - \int_o^1 \frac{dt}{\sqrt{1-t^2}} \cdot \int_o^1 f(s)ds = o,$$

ein Widerspruch.

Somit liefert (VF) eine Folge $\{I_\gamma\}$ von Quadraturformeln mit positiven Gewichten, so daß

$$\| I_\gamma - I \|^2 \leq \frac{\pi^2}{4} \cdot \frac{1}{\gamma}. \tag{5.1}$$

Das Verfahren (VF) gibt uns eine Möglichkeit, Quadraturformeln zu berechnen, die gemäß (5.1) konvergieren. Diese Quadraturformeln haben die zusätzliche Eigenschaft, daß sie die Funktion

$$g(t) = \frac{1}{\sqrt{1-t^2}}$$

exakt quadrieren. Es ist $g \notin H_2$.

4. WEITERE ANWENDUNGEN

Besonders interessant sind die Fälle wo $H = R^d$ der d-dimensionale euklidische Vektorraum ist und M eine endliche oder unendliche Teilmenge von R^d.

Ist M unendlich, dann kann man das Verfahren (VF) als ein Schnittebenenverfahren (s. [2]) zur Berechnung einer Lösung eines konvexen Ungleichungssystems interpretieren. Unter recht schwachen Bedingungen kann man die Endlichkeit des Verfahrens beweisen. Numerische Experimente zeigten, daß es auch praktikabel ist.

Wenn M endlich ist, haben wir den Fall eines linearen Ungleichungssystems mit endlich vielen Ungleichungen. Hier kann man eine Reihe von interessanten Konvergenz- und Endlichkeitsaussagen finden. Numerische Vergleiche mit der Simplexmethode zeigten, daß (VF) durchaus konkurrenzfähig ist. Ein besonderer Vorteil von (VF) ist dabei die große numerische Stabilität.

Eine ausführliche Darstellung erscheint als Bericht der KFA Jülich, Jül - 880 - MA (1972).

LITERATUR

1. Agmon, S.: The Relaxation Method for linear Inequalities. Canadian J. Math. 6 (1954), 382-392.
2. Collatz, L. und W. Wetterling: Optimierungsaufgaben. Heidelberger Taschenbücher Bd. 15, 2. Aufl., Berlin, Heidelberg, New York: Springer-Verlag 1971.
3. Eckhardt, U.: Einige Eigenschaften Wilfscher Quadraturformeln. Numer. Math. 12 (1968), 1-7.
4. Engels, H. und R. Mangold: Über eine Klasse Wilfscher Quadraturformeln. Berichte der KFA Jülich, Jül-789-Ma (1971).
5. Ljubich, Yu. and G.D. Maistrovskii: The General Theory of Relaxation Processes for Convex Functionals. Russian Mathematical Surveys 25 (1970), 57-118.
6. Tschernikow, S.N.: Lineare Ungleichungen. Berlin: VEB Deutscher Verlag d. Wissenschaften 1971.
7. Valentine, F.A.: Konvexe Mengen. BI Hochschultaschenbücher Bd. 402/402a. Mannheim: Bibliographisches Institut 1968.
8. Wilf, H.S.: Exactness Conditions in Numerical Quadrature. Numer. Math. 6 (1964), 315-319.

EINE PRIMALE VERSION DES BENDERS'SCHEN DEKOMPOSITIONSVERFAHRENS UND SEINE ANWENDUNG IN DER GEMISCHT-GANZZAHLIGEN OPTIMIERUNG

von B. Fleischmann in Hamburg

ZUSAMMENFASSUNG:

Das Dekompositionsverfahren von BENDERS [2] zerlegt eine gemischte lineare Optimierungsaufgabe, bei der ein Teil der Variablen einen speziellen Wertevorrat besitzt, in eine Folge von gewöhnlichen linearen Optimierungsaufgaben und Aufgaben mit nur diesen speziellen Variablen ("S-Aufgaben"). Für die Lösung der letzteren eignet sich aufgrund der Struktur des Algorithmus nur ein duales Verfahren.

Es wird eine Modifizierung des Algorithmus angegeben, die die sinnvolle Anwendung eines primalen Verfahrens für die auftretenden S-Aufgaben erlaubt. Im Fall gemischter Null-Eins-Aufgaben ist hierfür das Verfahren von BALAS [1] besonders geeignet. Numerische Ergebnisse für einige Testaufgaben von HALDI [9] werden gegeben. Über die erfolgreiche Anwendung der beschriebenen Methode auf größere betriebswirtschaftliche Probleme berichtet PRESSMAR [12].

I. PROBLEMSTELLUNG. DAS VERFAHREN VON BENDERS

Wir betrachten, wie BENDERS [2], eine gemischt-lineare Optimierungsaufgabe

$$(1) \qquad \begin{aligned} c'x + f(y) &= max\,! \\ Ax + F(y) &\leq b \\ y &\in S \end{aligned}$$

wobei[1] $c, x \in R^p$, $y \in R^q$, $b \in R^m$, A eine $m \times p$-Matrix, S eine beschränkte abgeschlossene Teilmenge von R^q und $f: S \to R$, $F: S \to R^m$ stetige Abbildungen sind. Bekannte Spezialfälle sind die gemischt-ganzzahlige lineare Optimierungsaufgabe und die gemischte Null-Eins-Aufgabe, für die f und F linear sind und S die Menge der ganzzahligen Vektoren in einem beschränkten Bereich von R^q bzw. der Vektoren mit Komponenten vom Wert o oder 1 ist. Der letztere Fall wird in Abschnitt IV ausführlicher behandelt.

Das Verfahren von BENDERS [2] zerlegt die Aufgabe (1) in eine Folge von Teilaufgaben, die abwechselnd lineare Optimierungsaufgaben über R^p und Optimierungsaufgaben über S sind. Diese nennen wir kurz *S-Aufgaben.*

Die Grundlage jenes Verfahrens ist folgende: Sei $H \subset R^p \times S$ die Menge der zulässigen Lösungen (x, y) von (1). Wir definieren eine Menge $G \subset R \times S$ durch

$$G := \{(x_o, y) \in R \times S \mid \text{ es gibt } x \in R^p \text{ mit } (x, y) \in H \text{ und } c'x + f(y) \geq x_o\}.$$

Aus der Definition folgt unmittelbar

$$G \neq \emptyset \quad \text{genau dann, wenn} \quad H \neq \emptyset$$

und

$$max\,\{x_o \mid (x_o, y) \in G\} = max\,\{c'x + f(y) \mid (x, y) \in H\},$$

falls eines der Maxima existiert. Aus dem Dualitätssatz der linearen Optimierung läßt sich mit der konvexen polyedrischen Menge

$$P = \{u \in R^m \mid u'A \geq c, \quad u \geq o\}$$

und dem konvexen polyedrischen Kegel

$$C_o = \{v \in R^m \mid v'A \geq o, \ v \geq o\}$$

folgende Darstellung für G ableiten:

$$G = \{(x_o, y) \mid u'(b - F(y)) \geq x_o - f(y) \text{ für } u \in P, \quad v'(b - F(y)) \geq o \quad \text{für } v \in C_o\}.$$

Daher ist G Lösungsmenge eines Systems

(2a) $$x_0 - f(y) + u^{k\prime} F(y) \leq u^{k\prime} b \qquad (k = 1, \ldots, \alpha)$$

(2b) $$v^{k\prime} F(y) \leq v^{k\prime} b \qquad (k = 1, \ldots, \beta)$$

(2c) $$y \in S,$$

wobei u^k $(k = 1, \ldots, \alpha)$ die Ecken von P und v^k $(k = 1, \ldots, \beta)$ Punkte der Kanten von C_0 sind. Eine Ungleichung des Systems (2a) bzw. (2b) nennen wir kurz *u-Zeile* bzw. *v-Zeile*.

Das Verfahren beruht nun darauf, daß P gerade die Lösungsmenge der bei beliebigem festem y zu (1) dualen Aufgabe ist. Durch Lösen dieser Aufgabe kann man die u^k und v^k bestimmen und das System (2a, b, c) schrittweise aufbauen. Das vor dem Schritt $\nu + 1$ schon berechnete Teilsystem sei

(3a) $$x_0 - f(y) + u^{k\prime} F(y) \leq u^{k\prime} b \qquad (k = 1, \ldots, \alpha_\nu)$$

(3b) $$v^{k\prime} F(y) \leq v^{k\prime} b \qquad (k = 1, \ldots, \beta_\nu)$$

(3c) $$y \in S$$

und besitze die Lösungsmenge $Q_\nu \supset G$. Man beginnt mit $\alpha_0 = \beta_0 = 0$. Es gilt also

(4) $$R \times S = Q_0 \supset Q_1 \supset Q_2 \supset \ldots \supset G.$$

Der Schritt ν des Verfahrens besteht nun aus den zwei Teilen:

1. Berechnung eines (x_0^ν, y^ν) mit

(5a) $$(x_0^\nu, y^\nu) \in Q_\nu$$

(5b) $$x_0^\nu = sup \{x_0 \mid (x_0, y) \in Q_\nu\}.$$

Falls kein solches existiert, ist (1) nicht lösbar.

2. Lösen der linearen Optimierungsaufgabe

$$L(y^\nu): \; c'x = max!, \quad Ax \leq b - F(y^\nu),$$

wobei die Fälle eintreten können:

a. $L(y^\nu)$ besitzt keine dual zulässige Lösung; dann ist (1) nicht lösbar.

b. $L(y^\nu)$ besitzt eine dual zulässige, aber keine primal zulässige Lösung; dann kann man aus einer Zeile des Simplex-Tableaus eine Kante v von

C_0 ablesen und bildet damit eine v-Zeile.

c. x^ν ist optimale Lösung und $\gamma := c'x^\nu + f(y^\nu)$; dann ist für $\gamma = x_0^\nu$ (x^ν, y^ν) optimal bezüglich (1), für $\gamma < x_0^\nu$ bildet man eine u-Zeile mit der Ecke u von P, die aus der Zielfunktionszeile des Simplextableaus ablesbar ist; $\gamma > x_0^\nu$ kann nicht vorkommen wegen (5b) und $(\gamma, y^\nu) \in Q_\nu$.

BENDERS [2] zeigt, daß die jeweils neu gebildeten u- oder v-Zeilen von (x_0^ν, y^ν) nicht erfüllt werden; es gilt also $(x_0^\nu, y^\nu) \notin Q_{\nu+1}$. Er zeigt ferner, daß das Verfahren endlich ist und die einzelnen Aussagen gültig sind.

II. SCHWIERIGKEITEN BEIM LÖSEN DER S-AUFGABE

Wir betrachten nun den ersten Teil des Schrittes ν des BENDERS-Verfahrens, der das Lösen der Aufgabe (5a, b) erfordert. Will man dafür bekannte Verfahren anwenden, so treten bemerkenswerte Schwierigkeiten auf, die BENDERS übergeht.

BENDERS schlägt vor, (5a, b) mit einem *dualen Verfahren* zu lösen, d.h. mit einem Verfahren, das von unzulässigen Variablenwerten ausgeht und das Maximum von oben erreicht. Denn ein solches Verfahren würde die Tatsache ausnutzen, daß die jeweils gefundene optimale Lösung von (5a, b) durch die danach erzeugte u- oder v-Zeile wieder abgeschnitten wird. Die beiden Verfahren von GOMORY [7, 8], im ganzzahligen Fall, sind von dieser Art.

Eine naheliegende Formulierung der Aufgabe (5a, b) ist

(6) $x_0 = max!$ unter den Nebenbedingungen (3a, b, c).

Dies ist jedoch keine reine S-Aufgabe, sondern wieder eine gemischte, da zusätzlich die Variable $x_0 \in R$ auftritt. Bei der äquivalenten Formulierung

(7) $$\tilde{f}_\nu(y) := \min_{1 \leq k \leq \alpha_\nu} (u^{k\prime} b - u^{k\prime} F(y) + f(y)) = max!$$

unter den Nebenbedingungen (3b, c)

hat man zwar eine reine S-Aufgabe, aber die Zielfunktion $\tilde{f}_\nu$ ist nichtlinear, auch bei linearem f und F, und hängt außerdem von ν ab. Im ganzzahligen Fall läßt sich weder auf (6) noch auf (7) eines der GOMORY-Verfahren [7, 8] anwenden. Außerdem erfordern diese Verfahren ganzzahlige Schlupfvariable, die bei (6) und (7) zunächst nicht vorliegen.

Dagegen läßt sich (7) mit einem *primalen Verfahren* für eine S-Aufgabe lösen, d.h. einem Verfahren, das von beliebigen Variablenwerten ausgeht und eine zulässige Lösung sucht, die besser als eine eventuell schon bekannte Lösung ist. Ein typisches solches Verfahren für Null-Eins-Aufgaben ist der Additive Algorithmus von BALAS [1]. Denn die Bedingung, daß die gesuchte Lösung y von (7) einen Zielfunktionswert $\tilde{f}_\nu(y)$ besitzen soll, der größer als ein bekannter Wert $\bar{x}_0$ ist, ergibt das Ungleichungssystem

$$(8) \qquad u^{k\prime}F(y) - f(y) < u^{k\prime}b - \bar{x}_0 \qquad (k = 1, \ldots, \alpha_\nu),$$

das mit f und F linear ist.

Ein primales Verfahren ist aber für die Folge der Aufgaben (5a, b) deshalb ungeeignet, weil durch die neu erzeugten u- und v-Zeilen nicht nur die jeweils letzte (optimale) Lösung, sondern auch frühere zulässige Lösungen abgeschnitten werden können, sodaß das Verfahren bei jedem Schritt wieder von vorn beginnen müßte. Im nächsten Abschnitt geben wir eine Modifizierung des BENDERS-Verfahrens an, die bei Verwendung eines primalen Verfahrens für die auftretenden S-Aufgaben jenen Nachteil vermeidet: Bei jedem Schritt kann man dann von der jeweils im vorigen Schritt erreichten Lösung ausgehen.

III. MODIFIZIERUNG DES VERFAHRENS

Um ein primales Verfahren sinnvoll auf (5a, b) anwenden zu können, müssen wir jeweils solche Lösungen suchen, die später nicht mehr abgeschnitten werden können. Dazu benutzen wir das einfache

LEMMA 1: *Erfüllt* y^ν (3b, c) *und ist* x^ν *optimale Lösung von* $L(y^\nu)$ *und* $\gamma = c'x^\nu + f(y^\nu)$, *so ist* $(\gamma, y^\nu) \in Q$ *und wird von keiner später erzeugten u- oder v-Zeile abgeschnitten.*

Beweis: (x^ν, y^ν) ist zulässig für (1). nach Definition von G und wegen (4) ist also $(\gamma, y^\nu) \in G \subset Q_\mu$ für alle μ.

Die Modifizierung beruht nun auf folgender Idee: Anstatt in Teil 1 einer jeden Iteration die Aufgabe (5a, b) fertig zu lösen, führt man nur *einen* Schritt eines primalen Verfahrens für die reine S-Aufgabe (7) aus: das Aufsuchen einer jeweils besseren Lösung y^ν, die also (3b, c) und (8) erfüllen muß. Der Teil 2, das Lösen von $L(y^\nu)$ dient dann zugleich zur Anwendung des Kriteriums von Lemma 1.

Der genaue Ablauf des Verfahrens ist nun einfach zu beschreiben:

Anfang: $\nu := 0;\ \bar{x}_0 := -\infty$.

Iteration:

1. Suche y^ν mit (8), (3b, c). Falls keines existiert, gehe zum Ende, sonst setze $x_0^\nu := \tilde{f}_\nu(y^\nu)$. (Aus (8) folgt $x_0^\nu > \bar{x}_0$.)
2. Löse $L(y^\nu)$. Existiert keine dual zulässige Lösung, so ist (1) nicht lösbar. Sonst können 4 Fälle eintreten:
   a. $L(y^\nu)$ ist nicht lösbar; dann bilde eine v-Zeile.
   b. x^ν ist optimal und für $\gamma = c'x^\nu + f(y^\nu)$ gilt
      b1. $\gamma \leq \bar{x}_0$; dann bilde eine u-Zeile
      b2. $\bar{x}_0 < \gamma < x_0^\nu$; dann bilde eine u-Zeile und setze $(\bar{x}_0, \bar{x}, \bar{y}) := (\gamma, x^\nu, y^\nu)$.
      b3. $\gamma = x_0$; dann setze $(\bar{x}_0, \bar{x}, \bar{y}) := (\gamma, x^\nu, y^\nu)$.

   In allen vier Fällen setze $\nu := \nu + 1$ und wiederhole die Iteration.

Ende: Ist $\bar{x}_0 > -\infty$, so ist $(\bar{x}, \bar{y})$ optimal bezüglich (1); sonst ist (1) nicht lösbar.

BEMERKUNGEN:

1) In Teil 1 der Iteration kann für $\nu = 0$ $y^0 \in S$ beliebig gewählt werden, und es wird $x_0^0 = \infty$.

2) In Teil 2, Fall b, kann $\gamma > x_0^\nu$ nicht eintreten, denn es ist $(\gamma, y^\nu) \in Q_\nu$ und nach Definition von $\tilde{f}_\nu$ in (7) ist

$$x_0^\nu = \tilde{f}_\nu(y^\nu) = max\{x_0 \mid (x_0, y^\nu) \in Q_\nu\} \qquad (y^\nu \ fest!).$$

3) Die Endlichkeit des Algorithmus und die Aussagen bei Abbruch ergeben sich wie bei BENDERS; dabei ist zum Beweis der Optimalität am Ende zu beachten, daß für $\bar{x}_0 > -\infty$ stets $\bar{x}_0 = c'\bar{x} + f(\bar{y})$ und $(\bar{x}_0, \bar{y}) \in Q_\mu$ für alle μ gilt wegen Lemma 1; da am Ende $\bar{x}_0 \geq x_0$ für alle $(x_0, y) \in Q_\nu$ gilt, folgt $\bar{x}_0 = max\{x_0 \mid (x_0, y) \in Q_\nu\}$, also das BENDERSsche Optimalitätskriterium.

4) Wichtig für die Anwendung eines Enumerationsverfahrens in Teil 1 ist, daß die Lösungsmenge des Systems (3b, c), (8) monoton abnimmt; denn es können höchstens weitere Ungleichungen hinzukommen, und der Parameter $\bar{x}_0$ in (8)

kann höchstens größer werden, wodurch (8) schärfer wird. Es können also einmal ausgeschiedene unzulässige Punkte nicht wieder zulässig werden.

5) Zum Lösen der linearen Optimierungsaufgabe in Teil 2 gibt BENDERS zwei verschiedene Versionen an: Bei der einen wird Aufgabe $L(y^\nu)$, bei der anderen die dazu duale Aufgabe behandelt. Die einzig sinnvolle Methode ist aber, sobald ein dual zulässiges Tableau zu $L(y^\nu)$ vorliegt, das duale Simplexverfahren für $L(y^\nu)$ (oder das primale, angewandt auf die zu $L(y^\nu)$ duale Aufgabe, was genau dasselbe ist). Denn dann bleibt das Tableau stets dual zulässig, da man bei allen weiteren Iterationen vom jeweils zuletzt erreichten Tableau ausgehen kann; nur die Randspalte des Tableaus ist entsprechend der von y abhängigen rechten Seite von $L(y^\nu)$ neu zu berechnen, wozu nur das aktuelle Tableau und die ursprüngliche rechte Seite benötigt wird. Ein dual zulässiges Tableau zu $L(y^\nu)$ kann aber sehr einfach durch den in [6] beschriebenen "Basis-Algorithmus" gefunden werden, bei dem jeweils eine dual unzulässige Spalte des Simplextableaus die Rolle der Randspalte übernimmt. Dieser liefert dann schon in der ersten Iteration eine dual zulässige Lösung oder die Aussage, daß keine solche existiert. Dadurch wird die komplizierte Berechnung von Schranken für die Variablen, wie sie BENDERS angibt, vermieden.

6) Man kann in Teil 2 nach jedem Simplex-Schritt prüfen, ob für den Zielfunktionswert a_{oo} im Simplex-Tableau $a_{oo} + f(y^\nu) < \bar{x}_o$ gilt, und in diesem Fall sofort bei b1 weiterfahren. Denn dann muß in jedem Fall (x_o^ν, y^ν) von einer u- oder v-Zeile abgeschnitten werden. Man spart dadurch Simplex-Schritte, andererseits wird aber die so erzeugte u-Zeile im allgemeinen weniger scharf sein.

IV. GEMISCHTE NULL-EINS-AUFGABEN. ANWENDUNG DES VERFAHRENS VON BALAS

Im weiteren betrachten wir als Spezialfall von (1) die schon erwähnte gemischte Null-Eins-Aufgabe

(9a) $$c'x + d'y = max!$$

(9b) $$Ax + By \leq b$$

(9c) $$y_j = o \quad \text{oder } 1 \quad (j = 1, \ldots, q),$$

wobei $y = (y_1, \ldots, y_q)$, $d \in R^q$ und B eine $m \times q$ -Matrix ist; es ist also $f(y) = d'y$ und $F(y) = By$.

Aufgaben der Form (9a, b, c) enthalten meistens Nebenbedingungen, die nur die Binärvariablen betreffen. Diese fassen wir zusammen zu

(9d) $$Cy \leq \tilde{b}$$

(C eine $\tilde{m} \times q$-Matrix. $\tilde{b} \in R^{\tilde{m}}$) und betrachten nun Aufgaben der Form (9a, b, c, d). Es bringt entscheidende numerische Vorteile (s. Abschnitt V), wenn man nun bei der Spezialisierung der Aufgabe (1) auf (9a, b, c, d) die Menge $S \subset R^q$ nicht nur durch (9c), sondern durch (9c, d) definiert. Die in Teil 1 der Iteration zu lösende S-Aufgabe ist dann:

Suche y mit (9c, d) und

(10a) $$(u^{k\prime} B - d')y < u^{k\prime} b - \bar{x}_o \qquad (k = 1, \ldots, \alpha_\nu)$$

(10b) $$v^{k\prime} By \leq v^{k\prime} b \qquad (k = 1, \ldots, \beta_\nu).$$

Hierfür ist der Additive Algorithmus von BALAS [1] besonders geeignet, wenn darin alle die Zielfunktion betreffenden Teile weggelassen werden. Auch die strengen Ungleichungen (10a) lassen sich damit leicht erfassen, was im folgenden kurz dargelegt wird. Einzelheiten des Verfahrens, vor allem die Struktur des "Suchbaums", sollen hier nicht mehr beschrieben werden.

Sei zunächst ν und $\bar{x}_o$ fest. Die Nebenbedingungen (9d) sowie die u- und v-Zeilen (10a, b) seien, etwa in der Reihenfolge ihrer Entstehung, zu einer Matrix $(t_{ij} \mid i = 1, \ldots, \tilde{m} + \alpha_\nu + \beta_\nu ; \; j = o, \ldots, q)$ so zusammengefaßt, daß

(11a) $$\sum_{j=1}^{q} t_{ij} y_j < t_{io} \qquad (i \in I_1)$$

die u-Zeilen (10a) darstellt und

(11b) $$\sum_{j=1}^{q} t_{ij} y_j \leq t_{io} \qquad (i \in I_2)$$

die Nebenbedingungen (9d) und die v-Zeilen (10b).

Bei jedem Schritt des BALAS-Verfahrens hat man eine Indexmenge J, für die die Komponenten y_j $(j \in J)$ auf den Wert 1 fixiert sind, und eine Indexmenge K $(K \cap J = \emptyset)$, für die die Komponenten y_j $(j \in K)$ noch frei wählbar sind, und man betrachtet die Menge Y derjenigen Lösungen y von (11a, b), für die $y_j = 1$ $(j \in J)$ und $y_j = o$ $(j \notin J \cup K)$ gilt. Das Verfahren enthält eine Reihe von sogenannten Tests, die Aussagen über die Menge Y gestatten. Zahlreiche Verschärfungen und Erweiterungen dazu finden sich in der Literatur [3, 4, 5, 11].
Die meisten dieser Tests lassen sich im folgenden Lemma zusammenfassen:

LEMMA 2: *Sei* $i \in I_2$, $s_i := t_{io} - \sum_{j \in J} t_{ij}$ *und*

$$r_i := s_i - \sum_{\substack{j \in K \\ t_{ij} < o}} t_{ij} .$$

Dann gilt:

(i) $r_i < o \Longrightarrow Y = \emptyset$.

(ii) $t_{ik} > r_i \geq o$ *für ein* $k \in K \Longrightarrow y_k = o$ *für alle* $y \in Y$.

(iii) $-t_{ik} > r_i \geq o$ *für ein* $k \in K \Longrightarrow y_k = 1$ *für alle* $y \in Y$.

(iv) *Die Aussagen* (i) *bis* (iii) *gelten für* $i \in I_1$, *wenn man darin alle strengen Ungleichungen durch schwache ersetzt und umgekehrt.*

Beweis: Für $y \in Y$ ist

$$t_{io} - \sum_{j=1}^{q} t_{ij} y_j = s_i - \sum_{j \in K} t_{ij} \leq r_i ,$$

woraus (i) folgt. Für $y_k = 1$ und $t_{ik} > o$ (bzw. $y_k = o$ und $t_{ik} < o$) ist

$$t_{io} - \sum_{j=1}^{q} t_{ij}\, y_j \leq r_i - t_{ik} \quad (\text{bzw. } \leq r_i + t_{ik}) ,$$

woraus (ii) und (iii) folgen. Für (iv) gilt der gleiche Beweis mit den angegebenen Vertauschungen.

Im Fall (i) bricht man die Suche in dem gerade betrachteten Zweig des Suchbaums ab. In den Fällen (ii) und (iii)wird die entsprechende Komponente y_k auf 1 bzw. 0 fixiert, wobei sich J, K und alle r_i, s_i ändern können. Man führt alle Tests solange zyklisch für alle Zeilen durch, bis sie für keine Zeile mehr anwendbar sind. Erst dann wählt man eine weitere auf 1 zu fixierende Komponente willkürlich anhand der sogenannten Balas-Werte.

Ein zulässiges y^ν mit den Komponenten $y_j = 1$ $(j \in J)$, $y_j = 0$ sonst, hat man gefunden, sobald $s_i > 0$ $(i \in I_1)$, $s_i \geq 0$ $(i \in I_2)$; dann ist $x_o^\nu = \bar{x}_o + \min\{s_i \mid i \in I_1\}$ nach Definition von s_i, und man geht zu Teil 2 der Iteration über. Nach Lösen der Optimierungsaufgabe $L(y^\nu)$ kann man die Daten für das in der nächsten Iteration folgende BALAS-Verfahren einfach bereitstellen:

In den Fällen a, b1 und b2 wird eine neue Zeile der Form (10b) bzw. (10a) zu dem System (11b) bzw. (11a) hinzugefügt; ihr Index sei n. Dabei ist es nicht nötig, die rechte Seite t_{no} zu berechnen, da man stattdessen das aktuelle $s_n = t_{no} - \Sigma_{j \in J} t_{nj}$ unmittelbar aus dem letzten Simplextableau erhält: Denn hat man, im Fall der v-Zeile, eine Kante v von C_o aus einer Zeile a des Simplextableaus abgelesen, so gilt für das Element a_o dieser Zeile in der Randspalte

$$a_o = v'(b - By^\nu),$$

somit

$$a_o = t_{no} - v'By^\nu = s_n.$$

Entsprechend gilt im Fall einer mit der Ecke u von P gebildeten u-Zeile für den Zielfunktionswert

$$c'x^\nu = u'(b - By^\nu),$$

und es ist

$$s_n = u'b - (u'B - d')y^\nu - \bar{x}_o = c'x^\nu + d'y^\nu - \bar{x}_o = \gamma - \bar{x}_o.$$

Somit hat man

$$s_n = \gamma - \bar{x}_o \quad \text{im Fall b1 und}$$

$$s_n = 0 \quad \text{in den Fällen b2, b3,}$$

da dort $\bar{x}_o := \gamma$ gesetzt wird. Aus s_n läßt sich dann r_n berechnen; t_{no} wird nicht benötigt.

Weiter sind in den Fällen b2, b3 für alle Zeilen $i \neq n$ die r_i, s_i gemäß

$$r_i := r_i - \gamma + \bar{x}_o \; ; \quad s_i := s_i - \gamma + \bar{x}_o$$

zu ändern. Alle übrigen Werte für das BALAS-Verfahren, insbesondere die Indexmengen J und K lönnen unverändert von der letzten Iteration übernommen werden (s. Bem. 4 in Abschn. III).

Ein ähnliches Verfahren für gemischte Null-Eins-Aufgaben wie dasjenige, das durch die Kombination des modifizierten BENDERS-Verfahrens (s. Abschn. III) und des Additiven Algorithmus von BALAS entsteht, wurde von LEMKE und SPIELBERG [11] auf direktem Wege entwickelt. Es unterscheidet sich jedoch darin, daß keine strengen Ungleichungen, wie (10a), betrachtet werden, und in den benutzten Tests. Es werden keine numerischen Ergebnisse dafür angegeben.

V. NUMERISCHE ERFAHRUNG

Das in Abschnitt III und IV beschriebene Verfahren für gemischte Null-Eins-Aufgaben wurde in ALGOL programmiert und auf der Rechenanlage Telefunken TR4 des Rechenzentrums der Universität Hamburg erprobt. Es wurde von JACOB [10] auf Modelle der Investitionsplanung und von PRESSMAR [12] auf Modelle der Produktionsplanung mit bis zu 450 reellen, 90 binären Variablen und 150 Restriktionen mit Erfolg angewandt. In der Arbeit [12] finden sich eine Beschreibung der Modelle und numerische Ergebnisse.

Zum Vergleich mit anderen Verfahren geben wir hier die Ergebnisse für einige Testprobleme von HALDI [9] an, und zwar für die Ablaufplanungsaufgaben Nr. 1-6 ([9], S. 7). Sie enthalten ursprünglich 20 reelle, 36 binäre Variable und 21 Gleichungen. Durch Elimination der mit S_i^{II}, S_i^{III}, X_{ii} $(i = 1, \ldots, 5)$ und X_{j6} $(j = 1, \ldots, 6)$ bezeichneten Variablen erhält man eine äquivalente Aufgabe der Form (9a, b, c, d) mit 10 reellen, 25 binären Variablen und 21 Ungleichungen. 11 Ungleichungen davon enthalten nur Binärvariable, bilden also System (9d). Die Tabelle zeigt die Anzahl der benötigten Schritte im ganzzahligen und reellen Teil. Die Anzahl der neuen Zeilen ist gleich der Anzahl der Iterationen des modifizierten BENDERS-Verfahrens (s. Abschn. III). Die Rechenzeiten lagen auf dem für heutige Begriffe langsamen Rechner zwischen 20 und 600 Sekunden.

Problem Nr.	S durch (9c, d) definiert Gesamtzahl der BALAS-Iter.	 Pivot-Schr.	 Neue Zeilen	S nur durch (9c) definiert Gesamtzahl der BALAS-Iter.	 Pivot-Schr.	 Neue Zeilen
1	128	40	10	281	39	15
2	10	12	3	62	30	12
3	71	23	8	86	35	15
4	82	13	3	3659	20	10
5	80	20	7	3836	41	18
6	222	31	10	220	53	19

Tabelle: Sechs Ablaufplanungsaufgaben von HALDI

Die Einschränkung von S durch die Nebenbedingungen (9d) erweist sich klar als vorteilhaft. Dagegen brachte die in Bemerkung 6, Abschn. III, erwähnte Variante zur Einsparung von Pivotschritten, die auch von LEMKE und SPIELBERG benutzt wird, keine wesentlichen Änderungen; für die angegebenen Ergebnisse wurde sie nicht benutzt.

Besondere Beachtung verdienen eine angenehme und eine unangenehme Eigenschaft des beschriebenen Verfahrens:

1. Die für die ganze Folge von S-Aufgaben (10a, b) insgesamt benötigte Anzahl von BALAS-Iterationen ist nur etwa so groß wie bei einer einzigen reinen Null-Eins-Aufgabe mit gleicher Anzahl von Binärvariablen, was der Vergleich mit entsprechenden Ergebnissen [3, 4, 5, 11] ergibt. Noch deutlicher zeigt sich dies bei den größeren Aufgaben in [12], wo die Anzahl der Iterationen des BENDERS-Verfahrens, also der einzelnen zu lösenden S-Aufgaben, über 100 beträgt. Dies scheint eine Folge der angegebenen Modifizierung zu sein: Während im ursprünglichen Verfahren bei jeder Iteration eine ganze S-Aufgabe zu lösen ist, wird im modifizierten Verfahren nur *eine* S-Aufgabe, unterbrochen durch die Simplex-Schritte, gelöst.

2. Im reellen Teil des Verfahrens treten außerordentlich starke Rundungsfehler auf, die sich über die u^k und v^k auch auf die Restriktionen des ganzzahligen Teils auswirken. Auch dies läßt sich als Folge der Modifizierung erklären: Durch den häufigen Wechsel zwischen dem reellen und dem ganzzahligen Teil muß man sehr viele lineare Optimierungsaufgaben lösen, die sich in den rechten Seiten unterscheiden. Geht man jeweils von der zuletzt erreichten Basis aus, so durchläuft man häufig Zyklen, d.h. man trifft auf früher schon aufge-

tretene Basen. Dabei müßten, besonders bei stark strukturierten Aufgaben, im Simplextableau viele neue Nullen entstehen, die aber nicht mehr exakt berechnet werden. Für die Lösung des reellen Teils ist daher nur das revidierte Simplexverfahren sinnvoll, da es gestattet, bei beliebigen früheren Basen neu zu starten.

* * *

[1] R^n sei der n-dimensionale euklidische Vektorraum über dem reellen Zahlkörper R; $a \in R^n$ wird als Spaltenvektor, a' als entsprechender Zeilenvektor aufgefaßt.

LITERATUR

1. Balas, E.: An additive algorithm for solving linear programs with zero-one variables. Opns.Res. 13 (1965), 517-546.
2. Benders, J.F.: Partitioning procedures for solving mixed-variables programming problems. Numerische Math. 4 (1962), 238-252.
3. Brauer, K.M.: Binäre Optimierung. Dissertation, Saarbrücken 1968.
4. Fleischmann, B.: Computational experience with the algorithm of Balas. Opns.Res. 15 (1967), 153-155.
5. Fleischmann, B.: Lösungsverfahren und Anwendungen der ganzzahligen linearen Optimierung. Diplomarb., Hamburg 1967.
6. Fleischmann, B.: Duale und primale Schnitthyperebenenverfahren in der ganzzahligen linearen Optimierung. Dissertation, Hamburg 1970.
7. Gomory, R.E.: An algorithm for integer solutions to linear programs. Princeton-IBM Math.Res. Project, Techn.Rep. No. 1 (1958).
8. Gomory, R.E.: An all-integer integer programming algorithm. IBM Research Center, Res.Rep. RC-189 (1960).
9. Haldi, J.: 25 integer programming test problems. Working paper No. 43, Grad.School of Business, Stanford Univ. (1964).
10. Jacob, H.: Applications of linear programming to investment problems of the petroleum industrie. Vortrag auf dem 8. Welt-Erdölkongreß Moskau 1971.
11. Lemke, C.E. and K.Spielberg: Direct search algorithms for zero-one and mixed-integer programming. Opns.Res. 15 (1967), 892-914.
12. Pressmar, D.: Theorie der dynamischen Produktionsplanung. Habilitationsschrift, Hamburg 1972.

SCHWACHE STETIGKEIT BEI NICHTLINEAREN KONTROLLPROBLEMEN

von K. Glashoff in Hamburg

1. EINLEITUNG

Es gibt eine Reihe von Möglichkeiten, Kontrollprobleme als Optimierungsaufgaben in geeigneten Funktionenräumen zu formulieren, s. z.B. NEUSTADT [6]. Der hier gewählte Ansatz gestattet es, Kontrollaufgaben sowohl theoretisch (Existenz optimaler Steuerungen) zu behandeln, als auch numerische Verfahren zur Berechnung dieser Steuerungen zu untersuchen.

Als zugrundeliegenden Raum wählen wir (wie etwa auch LEVITIN und POLYAK [4]) die Menge der Steuerungen. Für Probleme mit linearer Steuerungsgleichung sind die Eigenschaften des zum Kontrollproblem gehörenden Funktionals weitgehend bekannt. (LEVITIN und POLYAK [4]). Hier soll für eine Klasse nichtlinearer Probleme die schwache Halbstetigkeit des zugehörigen Funktionals gezeigt werden, woraus auf einfache Weise Existenzsätze gefolgert werden können.

2. PROBLEMSTELLUNG

Mit einem festen $T > o$ sei $I = [o, T]$ ein festes "Zeitintervall". Unter dem Raum $L_2 = L_2^m(I)$ $(m \geq 1)$ verstehen wir den Hilbertraum der m-Tupel quadratisch Lebesgue-integrierbarer Funktionen auf I mit Werten in der Menge $\mathbb{R}$ der reellen Zahlen. Einige Bezeichnungen: Für $\xi, \eta \in \mathbb{R}^n$ sei

$$|\xi| = \sum_i |\xi_i|, \quad \xi\eta = \sum_i \xi_i \eta_i ,$$

und für eine reelle $m \times n$-Matrix A sei $|A| = \sum_{i,j} |a_{ij}|$. In L_2 ist das Skalarprodukt $(u,v) = \int_I u(t)\,v(t)\,dt$ und die Norm $\|u\|_2 = (u,u)^{\frac{1}{2}}$. $C = C(I)^n$ $(n \geq 1)$ ist der Raum der stetigen Funktionen auf I mit Werten im $\mathbb{R}^n$; $\|x\|_m = \max_{t \in I} |x(t)|$ für $x \in C$.

Die hier behandelten Kontrollprobleme werden durch folgende Angaben definiert:

(a) Die nichtleere Menge $Q \subset L_2$ sei die "Menge der zulässigen Steuerungen".

(b) Die Funktion $f\colon R^n \times R^m \times I \longrightarrow R^n$ sei so beschaffen, daß für jedes $u \in Q$ eine eindeutige absolutstetige Lösung $x(t)$ der Anfangswertaufgabe

$$\dot{x} = f(x, u(t), t), \qquad x(0) = x_0 \in \mathbb{R}^n \tag{1}$$

auf dem Intervall I existiert. Durch $S: u \longrightarrow x$ wird mit (1) ein Operator definiert, der Q in C abbildet. S heiße der Steuerungsoperator des Kontrollproblems. Sei $P = S(Q) \subset C$. Für eine Steuerung $u \in Q$ heiße $x = Su$ die zugehörige Trajektorie.

(c) Das Funktional $\gamma\colon P \times Q \longrightarrow \mathbb{R}$ werde mit einer reellen Funktion g durch

$$\gamma(x,u) = \int_0^T g(x(t),\, u(t), t)\,dt \tag{2}$$

erklärt. Für Funktionen $x \in C$ ist die Abbildung

$$\tau : x \longrightarrow x(T)$$

ein stetiger linearer Operator in den $\mathbb{R}^n$. Mit einer reellen Funktion $h: \mathbb{R}^n \to \mathbb{R}$ definieren wir dann das "Kontrollfunktional" c auf Q durch

$$c(u) = \gamma(Su, u) + h\,\tau\, Su. \tag{3}$$

Als *Kontrollproblem* erhalten wir dann folgende *Optimierungsaufgabe* im Hilbertraum L_2:

(4)
Zielfunktional: $c(u) = Min!$
Restriktionen: $u \in Q$.

Das sind Kontrollprobleme mit fester Endzeit T, freiem Endpunkt $x(T)$ und ohne explizite Restriktionen bezüglich der "Zustandsvariablen" $x(t)$. Zur Zurückführung anderer Kontrollprobleme auf diese Form mit Hilfe von Penalty-Methoden s. BELTRAMI [1].

Zur Gewinnung von Existenzsätzen sowie zur Untersuchung der Konvergenz numerischer Verfahren müssen gewisse Eigenschaften der in (4) auftretenden Mengen $Q \subset L_2$ und des Funktionals c bekannt sein. Dazu vorweg einige Definitionen:

Ein Operator S, der den Hilbertraum E in den Banachraum F abbildet, heiße *schwach stetig*, wenn für jede schwach konvergente Folge $\{u_n\} \subset E$ mit $u_n \rightharpoonup u$ gilt $Su_n \longrightarrow Su$. Ein reelles Funktional f auf E heißt schwach nach unten halbstetig, wenn für jede schwach konvergente Folge $\{u_n\}$, $u_n \rightharpoonup u$ gilt $\underline{\lim} f(u_n) \geq f(u)$. Eine Teilmenge $Q \subset E$ heißt schwach kompakt, wenn jede Folge $\{u_n\} \subset Q$ eine schwach konvergente Teilfolge $\{u_{n_k}\}$ enthält mit $u_{n_k} \rightharpoonup u$ und $u \in Q$.

Es gilt folgender Existenzsatz (s. z.B. LEVITIN und POLYAK [4]):

SATZ: *Ein schwach nach unten halbstetiges Funktional nimmt sein Minimum auf jeder schwach kompakten Teilmenge Q von E an.*

Die bei Kontrollproblemen auftretenden Mengen Q von zulässigen Steuerungen sind meist schwach kompakt; eine Zusammenstellung findet man bei DEMYANOV [2]. Da beschränkte, abgeschlossene, konvexe Teilmengen eines Hilbertraumes schwach kompakt sind (s. z.B. BELTRAMI [1]), hat z.B. die Menge

$$Q = \{u \in L_2 \,/\, -a_i(t) \leq u^i(t) \leq b_i(t), \quad i = 1, \ldots, m;\ t \in I\} \ldots$$

mit nichtnegativen, stetigen Funktionen $a_i(t)$, $b_i(t)$ diese Eigenschaft.

3. DAS KONTROLLFUNKTIONAL c

Die schwache Halbstetigkeit des Funktionals c in (3) ist bei nichtlinearen Kontrollproblemen i.a. schwieriger nachzuweisen. Es gilt der folgende einfache Satz:

SATZ 2: *Folgende Voraussetzungen seien erfüllt:*

(i) *Der Steuerungsoperator $S : L_2 \longrightarrow C$ sei schwach stetig.*

(ii) *Für festes $x \in C$ sei das Funktional $\gamma(x, \cdot)$ auf dem Raum L_2 schwach nach unten halbstetig.*

(iii) *Für jede beschränkte Menge $B \subset L_2 \times C$ gelte eine Lipschitzbedingung*

$|\gamma(x,u) - \gamma(y,u)| \leq L_B \|x-y\|_m$ *für alle* (x,u), $(y,u) \in B$ *mit einer von* B *abhängigen Konstanten* $L_B > o$.

(iv) *Die Funktion* $h: \mathbb{R}^n \longrightarrow \mathbb{R}$ *sei stetig.*

Dann ist das in (3) *definierte Funktional* c *auf dem Raum* L_2 *schwach nach unten halbstetig.*

Beweis: Sei $\{u_k\}$ eine schwach konvergente Folge, $u_k \rightharpoonup u$. Bekanntlich gibt es dann ein $R > o$, so daß $\|u_k\|_2 \leq R$ für alle $k > o$. Sei außerdem $\{x_k\} = \{Su_k\} \subset C$ und $x = Su \in C$,

$$B_1 = \{y \in C / \|x-y\|_m \leq d, \ d > o \text{ fest}\}, \ B_2 = \{u \in L_2 / \|u\|_2 \leq R\}.$$

Für genügend große $k \geq k_o$ liegen dann alle Paare (x_k, u_k) wegen (i) in der beschränkten Menge $B = B_2 \times B_1 \subset L_2 \times C$. Für diese k ist

$$c(u_k) - c(u) = \{\gamma(x_k, u_k) - \gamma(x, u_k)\} + \{\gamma(x, u_k) - \gamma(x, u)\} + \{h\tau Su_k - h\tau Su\}.$$

Wegen (iii) gilt für $k \to \infty$:

$$\delta_k^1 = \gamma(x_k, u_k) - \gamma(x, u_k) \longrightarrow o,$$

wegen (i), (iv) und der Stetigkeit von τ ebenso

$$\delta_k^3 = h\tau Su_k - h\tau Su \to o.$$

Für jedes vorgegebene $\epsilon > o$ gibt es also ein $k_1 \geq k_o$, so daß $\delta_k^1 > -\frac{\epsilon}{3}$, $\delta_k^3 > -\frac{\epsilon}{3}$ für alle $k \geq k_1$.

Wegen (ii) existiert ein $k_2 \geq k_1$, so daß

$$\inf_{k \geq k_2} (\gamma(x, u_k) - \gamma(x, u)) > -\frac{\epsilon}{3}.$$

Daher ist für alle $k \geq k_2$ $\quad \inf_{k \geq k_2} \{c(u_k)\} > c(u) - \epsilon$

und damit $\underline{\lim}\, c(u_k) \geq c(u)$.

Die Voraussetzungen (ii)-(iv) sind bei speziellen Kontrollproblemen i.a. erfüllbar, wenn an die Funktion g in (2) gewisse Stetigkeits- und Konvexitätsforderungen gestellt werden (mit Hilfe des Satzes, daß ein stetiges, konvexes Funktional auf einer abgeschlossenen, konvexen Teilmenge Q eines Hilbertraumes E schwach nach unten halbstetig ist; s. GOLDSTEIN [3], S.121).

4. DER STEUERUNGSOPERATOR S

Die Voraussetzung (i) von Satz 2 ist bei nichtlinearen Kontrollproblemen am schwierigsten nachzuweisen. Für eine Klasse solcher Probleme liefert der folgende Satz die schwache Stetigkeit des Steuerungsoperators S :

SATZ 3: *Die Steuerungsgleichung* (1) *habe die Gestalt*

$$\dot{x} = f_1(x,t) + f_2(x,t)\,u(t). \tag{5}$$

(Dabei ist f_1 *ein n-Vektor und* f_2 *eine* $n\times m$*-Matrix).*
Folgende Voraussetzungen seien erfüllt:

(i) f_1 *und* f_2 *seien stetig in* $(\xi, t) \in \mathbb{R}^n \times I$.

(ii) *Es gelte*

$$|f_1(\xi,t)|,\quad |f_2(\xi,t)| \leq M/\varphi(|\xi|)$$

mit einer positiven, stetigen, über $[o,\infty)$ *nicht integrierbaren Funktion* $\varphi: [o,\infty) \to \mathbb{R}$.

(iii) *Für jede beschränkte Menge* $B \subset \mathbb{R}^n$ *gebe es Konstanten* L_B^1, L_B^2, *sodass für alle* $\xi, \eta \in B$ *gilt*

$$|f_i(\xi,t) - f_i(\eta,t)| \leq L_B^i\,|\xi-\eta|, \quad i = 1,2.$$

Dann wird durch (5) *und die Anfangsbedingung* $x(o) = x_o \in \mathbb{R}^n$ *auf dem gesamten* L_2 *ein kompakter, schwach stetiger Operator* $S: L_2 \to C$ *definiert.*

Beweis: Die Wohldefiniertheit von S auf dem gesamten L_2 folgt unter den Voraussetzungen (i)-(iii) aus dem Existenz- und Eindeutigkeitssatz von McSHANE [5], S.342-348. Es soll gezeigt werden, daß S jede beschränkte Menge $Q \subset L_2$ in eine in C kompakte Menge $P = S(Q)$ überführt. Sei dazu $\|u\|_2 \leq R$ für alle $u \in Q$ mit $R > o$. P ist beschränkt in C: Mit

$$f^u(\xi,t) = f_1(\xi,t) + f_2(\xi,t)\,u(t) \qquad \text{für } u \in Q$$

gilt

$$|f^u(\xi,t)| \leq N^u(t)/\varphi(|\xi|) \qquad \text{mit } N^u(t) = M(1+|u(t)|).$$

Wegen der Beschränktheit von Q existiert ein $\alpha > 0$ mit $\int_0^T N^u(t)dt < \alpha$ für alle $u \in Q$. Aus dem Beweis des Existenzsatzes in [5], S. 342 ersieht man: Es gilt für alle $u \in Q$, $x = Su$:

$$\|x\|_m < \beta, \text{ wobei } \beta \text{ so gewählt ist, daß } \int_{|x_0|+1}^{\beta} \varphi(s)ds > \alpha.$$

P ist also beschränkt.

P ist auch gleichgradig stetig: Für $s,t \in I$, $u \in Q$, $x = Su \in P$ hat man

$$|x(s)-x(t)| \leq \int_s^t |f_1(x(\tau),\tau)|d\tau + \int_s^t |f_2(x(\tau),\tau)| \cdot |u(\tau)|d\tau.$$

Wegen der Beschränktheit von P und der Stetigkeit von f_1, f_2 gibt es Konstanten m_1, m_2, so daß

$$|x(s)-x(t)| \leq m_1|s-t|+m_2\int_s^t |u(\tau)|d\tau \leq m_1|s-t|+m_2|s-t|^{\frac{1}{2}}\left(\int_0^T|u(\tau)|^2 d\tau\right)^{\frac{1}{2}}.$$

Wegen der Beschränktheit von Q (es ist $\left(\int_0^T |u(\tau)|^2 d\tau\right)^{\frac{1}{2}} \leq mR$) gilt also $|x(s) - x(t)| \to 0$ gleichmäßig für alle $x \in P$, $s,t \in I$; d.h. P ist gleichgradig stetig. Nach dem Satz von ARZELA/ASCOLI folgt die Kompaktheit von P in C.

Nun zeigen wir, daß S schwach stetig ist. Sei $\{u_k\} \subset L_2$ schwach konvergent gegen $u \in L_2$. Es gibt dann ein $R > 0$ mit $\|u_k\|_2 \leq R$ für alle $k \geq 1$. Sei $\{x_k\} = \{Su_k\}$ und $\bar{x} = S\bar{u}$. Die Menge $\{x_k\}$ ist nach dem Vorhergehenden kompakt in C; es gibt also eine Teilfolge (sie werde wieder mit $\{x_k\}$ bezeichnet), für die

$$\lim_{k\to\infty} x_k = x \in C.$$

Wegen

$$x_k(t) = \int_0^t \{f_1(x_k(s),s) + f_2(x_k(s),s)\,u_k(s)\}ds + x_0$$

ist also

$$x(t) = \lim_{k\to\infty} \int_0^t \{f_1(x_k(s), s) + f_2(x_k(s), s)\, u_k(s)\} ds + x_0$$

im Sinne der Norm $\|\cdot\|_m$ in C. Gezeigt werden soll $x(t) = \bar{x}(t)$ für alle $t \in I$.

Dazu beweisen wir, daß x und $\bar{x}$ derselben Anfangswertaufgabe genügen:

Sei

$$\epsilon_k(t) .= \int_0^t [f_1(x(s), s)+f_2(x(s), s)\bar{u}(s)]ds - \int_0^t [f_1(x_k(s), s)+f_2(x_k(s), s)u_k(s)]ds,$$

dann gilt

$$|\epsilon_k(t)| \leq \delta_1^k(t) + |\delta_2^k(t)| + \delta_3^k(t)$$

mit

$$\delta_1^k(t) = \int_0^t |f_1(x(s), s)-f_1(x_k(s), s)| ds,$$

$$\delta_2^k(t) = \int_0^t f_2(x(s), s)(\bar{u}(s)-u_k(s))ds,$$

$$\delta_3^k(t) = \int_0^t |f_2(x(s), s)-f_2(x_k(s), s)| \cdot |u_k(s)| ds.$$

Sei B die Menge $B = \{y \in \mathbb{R}^n / \exists t \in I$ mit $|x(t)-y| \leq c, \quad c > o$ $fest\}$.
Wegen $x_k \to x$ gibt es ein k_0 mit $x_k(t) \in B$ für $k \geq k_0$, $t \in I$.
Aus (iii) folgt dann für diese k :

(6) $\quad \delta_1^k(t) \leq L_B^1 \|x-x_k\|_m \cdot T, \qquad \delta_3^k(t) \leq L_B^2 \|x-x_k\|_m\, m R T^{1/2}.$

Sei

$$K^{i,j}(s,t) = \begin{cases} f_2^{ij}(x(s), s) & \text{für } o \leq s \leq t \\ & ;\ i=1,\dots,n, \\ o & \text{für } t < s \leq T \quad k=1,\dots,m; \end{cases}$$

wobei f_2^{ij} die $n\times m$ Komponenten von f_2 sind. Dann gilt für die i-te Komponente von $\delta_2^k(t)$:

$$[\delta_2^k(t)]^i = \sum_{j=1}^{m} \int_0^T K^{i,j}(s,t)(\bar{u}^j(s) - u_k^j(s))ds.$$

Wegen der Stetigkeit von $f_2(x(s), s)$ ist der hierdurch definierte lineare Integraloperator vollstetig und bildet die in L_2 schwach gegen Null konvergente Folge $\bar{u} - u_k$ in eine in C stark konvergente Nullfolge ab. Mit (6) folgt also

$$\|\epsilon_k\|_m \to 0 \qquad \text{für } k \to \infty, \text{ d.h.}$$

$$x(t) = \int_0^t \{f_1(x(s), s) + f_2(x(s), s)u(s)\}ds + x_0 ;$$

x genügt also derselben Anfangswertaufgabe wie $\bar{x}$, also nach dem Eindeutigkeitssatz für Systeme von Differentialgleichungen $x = \bar{x} = S\bar{u}$. Das gilt für *alle* konvergenten Teilfolgen der (kompakten) Folge $\{x_k\}$, also konvergiert die Folge $\{x_k\}$ gegen $\bar{x}$. S ist damit schwach stetig.

Auch bei Kontrollproblemen, die nicht die Gestalt (3) haben, gelangt man mit Satz 1 und Satz 3 u.U. zu Existenzsätzen.
Sei z.B.

$$c(u) = \max_{t \in I} |x(t) - k(t)|,$$

wobei k eine vorgegebene Funktion aus C ist. Der Operator $S: L_2 \to C$ sei schwach stetig. Wegen $c(u) = \|Su - k\|_m$ und der Stetigkeit der Norm $\|\cdot\|_m$ ist c schwach stetig auf dem L_2 (und damit natürlich auch schwach nach unten halbstetig). Für jede schwach kompakte Menge $Q \subset L_2$ existiert also eine optimale Steuerung nach Satz 1.

LITERATUR

1. Beltrami, E.J.: An Algorithmic Approach to Nonlinear Analysis and Optimization. Acad. Press, N.Y., 1970.
2. Demyanov, V.F.: The Solution of Some Optimal Control Problems. J.SIAM Control, 7 (1969), 32.
3. Goldstein, A.A.: Constructive Real Analysis. N.Y. 1967.
4. Levitin, E.S. and B.T. Polyak: Constrained Minimization Methods. Zh. vychisl. Mat. i mat. Fisz., 6,5 (1966), 787-823.
5. McShane, E.: Integration. Priceton Univ. Press 1947.
6. Symposium on Optimization. Ed. by A.V. Balakrishnan. Lecture Notes in Mathematics, 132, Springer (1970).

DIE BERECHNUNG VON VERALLGEMEINERTEN QUADRATURFORMELN VOM GAUSSCHEN TYPUS, EINE OPTIMIERUNGSAUFGABE

von S. Å. Gustafson[1] in Stockholm

ZUSAMMENFASSUNG

Die gewöhnlichen Quadraturformeln vom Gausschen Typus geben die Lösung eines Optimierungsproblems. Diese Formeln sind oft sehr zweckmäßig, wenn man Integrale abschätzen will, wo der Integrand gut mit einem Polynom approximiert werden kann. Wir werden zeigen, wie ähnliche Formeln hergestellt werden können, wenn man den Integrand mit Linearkombinationen von Elementen eines willkürlichen Čebyševsystems approximieren muß. Diese Formeln führen auch zur Lösung einer Reihe von Optimierungsproblemen.

1. EXPONENTIALAPPROXIMATION UND VERALLGEMEINERTE QUADRATURFORMELN VOM GAUSSCHEN TYPUS

Die Abszissen und Gewichte der Quadraturformeln, mit denen wir uns hier beschäftigen, treten als Lösungen von nichtlinearen Gleichungssystemen auf. Die numerische Behandlung von solchen Systemen ist unser Hauptproblem und wird in Abschnitt 3 diskutiert. In dieser Sektion werden wir einige Beispiele geben, wo unsere Formeln mit Vorteil verwendet werden können.

Erst eine Definition: f heißt *vollständig monoton im Intervall* $[a, b]$, wenn

$$(-1)^k f^{(k)}(x) \geq 0 \qquad x \in [a,b] \qquad k = 0, 1, \ldots \,.$$

Die Anwendung von vollständig monotonen Funktionen in der numerischen Analysis ist in STRÖM [6] und GUSTAFSON-DAHLQUIST [4] illustriert.

Wir bezeichnen mit V_∞ die Klasse von Funktionen, die in $[0,\infty]$ vollständig monoton sind. Folgende Funktionen gehören zu V_∞

$$e^{-t}, \quad (1+t)^{-1} \quad e^{\frac{1}{t}-\sqrt{t}} \quad t^{-1}\ln(2+t).$$

Die "einfachsten" Funktionen in V_∞ sind die Exponentialsummen von der Form

$$\sum_{j=1}^{N} \rho_j e^{-t\xi_j} \tag{1}$$

mit $N<\infty$, $\xi_j > 0$ und $\rho_j > 0$.

Wir bezeichnen mit l_E die Menge von Funktionalen L, die in V_∞ definiert sind und exakt für Summen von der Form (1) berechnet werden können.

Beispiele von solchen Funktionalen sind $L(f) = f(x)$, x fest (ein Interpolationsproblem) und für festes ω

$$L(f) = \int_0^\infty e^{i\omega t} f(t)dt,$$

die Fouriertransformation, in ω berechnet. Wir betrachten das Problem:

f gehöre zu V_∞, L zu l_E, $L_1, L_2, \ldots, L_n$ sind in l_E und wir wollen $L(f)$ berechnen, wenn die Zahlen $\mu_r = L_r(f)$ $r = 1,2,\ldots,n$ bekannt sind.

Wir approximieren f mit der Exponentialsumme f^*, gegeben durch

$$f^*(t) = \sum_{j=1}^{q} m_j e^{-x_j t}. \tag{2}$$

Die Konstanten m_j und x_j werden so gewählt, daß

$$L_r(f^*) = L_r(f) = \mu_r \qquad r = 1,2,\ldots,n. \tag{3}$$

Dieses ist eine Verallgemeinerung von den Quadratur- und Interpolationsaufgaben, die in GUSTAFSON-DAHLQUIST [4] gelöst wurden. Die dortigen Probleme erhalten wir, wenn wir n äquidistante Punkte $t_1, t_2, \ldots, t_n$ wählen und $L_r(f) = f(t_r)$ setzen. Wenn $q = n$ ist, und x_j vorgeschrieben sind, bekommen wir einen Sonderfall von den linearen Aufgaben in GUSTAFSON [3]. Hier wollen wir uns mit nicht-linearen Problemen beschäftigen, die nicht auf die oben erwähnten Fälle zurückgeführt werden können.

Beispiel 1. n sei gerade und die Punkte $o \leq t_1 < t_2 < \ldots < t_n$ nicht äquidistant. Wir wählen $q = \frac{n}{2}$ und $L_r(f) = f(t_r)$. Die Bedingungen $L_r(f) = L_r(f^*)$ führen zum nicht-linearen System

$$\sum_{j=1}^{q} m_j e^{-x_j t_r} = f(t_r) \qquad r = 1,2,\ldots,n, \tag{4}$$

wovon die n Unbekannten $m_1, m_2, \ldots, m_q;\ x_1, x_2, \ldots, x_q$ berechnet werden sollen. Danach kann $L(f^*)$ ermittelt werden.

Beispiel 2. $o \leq t_1 < t_2 < \ldots < t_q$ seien gegebene Punkte. Wir wählen $n = 2q$ und setzen $L_{2i-1} = f(t_i)$, $L_{2i} = f'(t_i)$, $i = 1,2,\ldots,q$.
Dann erhalten wir das System

$$\begin{aligned} &\sum_{j=1}^{q} m_j e^{-x_j t_i} = f(t_i), \qquad i = 1,2,\ldots,q \\ &\sum_{j=1}^{q} m_j x_j e^{-x_j t_i} = -f'(t_i), \quad i = 1,2,\ldots,q. \end{aligned} \tag{5}$$

Die Lösung von (4) und (5) wird in Abteilung 3 gegeben.

Beispiel 3. Wir studieren Reihen von der Form

$$F(z) = \sum_{r=o}^{\infty} (-z)^r f(r), \qquad f \in V_\infty. \tag{6}$$

Weil $f(r) \leq f(o)$, $r = 1,2,\ldots,$ ist die Reihe im Inneren vom Einheitskreis konvergent. Für festes $|z| < 1$ definiert (6) deshalb ein lineares Funktional in V_∞. Wie in den früheren Beispielen approximieren wir f durch f^*, von (1) gegeben, und erhalten sofort die Approximation $F^*(z)$

$$F(z) \approx F^*(z) = \sum_{r=o}^{\infty} (-z)^r f^*(r).$$

(2) liefert dann

$$F^*(z) = \sum_{j=1}^{q} m_j (1+z\,e^{-x_j})^{-1}, \tag{7}$$

wo m_j und x_j wie in den Beispielen 1 und 2 bestimmt werden können.

Wir setzen jetzt F analytisch fort: Nach dem bekannten Satz von Bernstein (vgl. KARLIN-STUDDEN [5] S.164) hat f eine Repräsentation

$$f(t) = \int_0^\infty e^{-xt} d\alpha(x), \qquad t \geq o, \tag{8}$$

wo α nicht-abnehmend und von beschränkter Variation ist. Wir erhalten dann

$$F(z) = \int_0^\infty (1+z\,e^{-x})^{-1} d\alpha(x), \tag{9}$$

und dieses Integral definiert die analytische Fortsetzung der Funktion, die in (6) definiert ist. Deshalb ist $F(z)$ für jedes feste z, wo das Integral (9) definiert ist, ein lineares Funktional über V_∞.

Wenn wir f^* wie in Beispiel 1 wählen, ist das äquivalent mit der Anwendung einer mechanischen Quadraturformel, deren Abszissen und Gewichte von (4) bestimmt sind, auf das Stieltjesintegral (9). Ist f^* wie in Beispiel 2 gewählt, können m_j und x_j von (5) ermittelt werden.

Wir diskutieren jetzt ein

Numerisches Beispiel

$f(t) = e^{-\sqrt{t+1}}$ ist vollständig monoton über $[o, \infty]$. $F(10)$ wurde für diese Funktion numerisch berechnet. Die Reihe (6) ist für $|z| > 1$ divergent. Wir machten verschiedene Berechnungen, Fall A und Fall B. Die Ergebnisse sind in Tafel 1 gegeben. Im Falle A verwendeten wir nur die äquidistanten Funktionswerte $f(0), f(1), \ldots$. Im Falle B benutzten wir auch die Ableitungswerte. Unsere Daten waren dann $f(0), f'(0), f(1), f'(1), \ldots$. Wir sehen, daß im Falle B die Konvergenzgeschwindigkeit viel größer ist. Dieser Vorteil hat einen Preis. Denn im Falle B müssen wir ein System von Typus (5) lösen, während wir im Falle A nur einen einfachen Sonderfall von (4) zu behandeln brauchen. Die Punkte $t_1, t_2, \ldots, t_n$ sind nämlich äquidistant. Das macht es möglich, das System zu dem

Typus in GUSTAFSON-DAHLQUIST [4] zurückzuführen. Dieses resultiert in beträchtlich kürzeren Rechenzeiten.

TAFEL 1

Abschätzungen von $F(10)$ *für* $f(t) = e^{-\sqrt{1+t}}$ *gemäss* (7) *und* (4) *oder* (5)

Anzahl Funktionswerte	*Fall A: Nur Funktionswerte System (4)*	*Fall B Funktionswerte, Ableitungen System (5)*
2	0.04835	0.055954 2278
4	0.05381	0.055636 2133
6	0.05513	0.055642 5893
8	0.05550	0.055642 4861
10	0.05560	0.055642 4857

Verwenden wir 20 Funktionswerte (und keine Ableitungen), bekommen wir die Schätzung

$$0.055642\,41 \leq F(10) \leq 0.055642\,60,$$

wenn wir die Methoden in [1], S. 6 benutzen.

Beispiel 4. Summation von positiven Reihen. f gehöre zu V_∞. Wir wollen die Summe

$$S = \sum_{k=0}^{\infty} f(k) \tag{10}$$

berechnen und nehmen an, daß das Integral

$$I = \int_0^{\infty} f(t)dt$$

bekannt ist. Von (8) erhalten wir sofort

$$S = I + \int_0^{\infty} \varphi(x)d\alpha(x), \quad \varphi(x) = \frac{1}{1-e^{-x}} - \frac{1}{x}, \tag{11}$$

und das letzte Integral kann analog mit (9) ermittelt werden. Diese Methode ist eine Alternative zur Euler-McLaurins Transformation, wenn die höheren Ableitungen von f nicht einfach analytisch ermittelt werden können.

Numerisches Beispiel.

Wir betrachten wiederum die Funktion $f(t) = e^{-\sqrt{t+1}}$ und berechnen die Summe (10) auf drei verschiedene Weisen.

I. Wir verwenden nur die numerischen Werte von I und $f(0), f(1), \ldots$. Wir Lösen das System (4), um Quadraturformeln für die Berechnung des Integrals in (11) zu finden.

II. Wir verwenden Euler-McLaurins Transformation und approximieren S durch den Ausdruck

$$(12) \qquad S = \sum_{k=0}^{n-1} f(k) + \int_n^\infty f(x)dx + \frac{1}{2} f(n), \qquad n = 0, 1, \ldots .$$

III. Wir ermitteln das Integral in (11) analog wie in I, aber wir verwenden die Daten $f(0), f'(0), f(1), f'(1), \ldots$. D.h. wir müssen das System (5) lösen.

In Tafel 2 sind die Fehler für die drei verschiedenen Abschätzungen angegeben. Wir sehen, daß das Ausnutzen von Ableitungen viel größere Genauigkeit ergibt. Die höhere Präzision der Methode III muß durch einen beträchtlich größeren Rechenaufwand erkauft werden.

TAFEL 2

Resultierende Fehler bei der Abschätzung von der Summe (10) *mit* $f(k) = e^{-\sqrt{k+1}}$

Anzahl der Funktionswerte	*Nur Funktionswerte* (11), (4)	*Euler-McLaurin* (12)	*Funktionswerte und Ableitungen* (11), (5)
2	$2.3 \cdot 10^{-3}$	$6.5 \cdot 10^{-5}$	$5.3 \cdot 10^{-5}$
4	$3.7 \cdot 10^{-4}$	$9.4 \cdot 10^{-6}$	$1.2 \cdot 10^{-6}$
6	$1.1 \cdot 10^{-4}$	$2.8 \cdot 10^{-6}$	$1.2 \cdot 10^{-7}$
8	$4.8 \cdot 10^{-5}$	$1.1 \cdot 10^{-6}$	$2.3 \cdot 10^{-8}$
10	$2.4 \cdot 10^{-5}$	$5.2 \cdot 10^{-7}$	$6.7 \cdot 10^{-9}$

2. VERALLGEMEINERTE QUADRATURFORMELN ALS EXTREMALLÖSUNGEN EINER OPTIMIERUNGSAUFGABE VON A.A. MARKOV

Um unser Verfahren zur Lösung der Systeme (4) und (5) zu erklären, verwenden wir die klassische Theorie von Momentenproblemen.

Wir machen erst die folgende Betrachtung. Sei $h > o$ eine feste Konstante, und man setze $\lambda = e^{-hx}$. Dann nimmt (8) die Gestalt

$$f(t) = \int_0^1 \lambda^{t/h} \, d\beta(\lambda)$$

an, wo β nicht-abnehmend und von beschränkter Variation über $[o, 1]$ ist. Man weist einfach nach, daß alle die bisher behandelten Beispiele zur Berechnung von Stieltjes-Integralen über das Intervall $[o, 1]$ führen.

Von hier an werden wir mit Čebyšev-Systemen arbeiten. Wir führen deshalb einige Definitionen ein.

Wir betrachten n Funktionen $u_1, u_2, \ldots, u_n$, die in einem gegebenen Intervall $[a, b]$ eine stetige Ableitung haben. Wir sagen, daß die Linearkombination

$$Q = \sum_{r=1}^{n} c_r u_r$$

in t^* eine *Nullstelle von Multiplizität eins* hat, wenn

1) $Q(t^*) = o$
2) $(t^*-a)(t^*-b) = o$ oder $Q'(t^*) \neq o$.

Allen anderen Nullstellen in (a, b) schreiben wir die Multiplizität zwei zu. Im Rest dieser Arbeit werden wir der Kürze halber den Ausdruck "Čebyševsystem in $[a, b]$" von Funktions-Systemen $u_1, u_2, \ldots, u_n$ verwenden, wenn die folgenden Bedingungen erfüllt sind[3]:

1) $u_1, u_2, \ldots, u_n$ sind im Intervall $[a,b]$ definiert und besitzen dort eine stetige Ableitung.

2) Jede Linearkombination

$$\sum_{r=1}^{k} c_r u_r$$

hat in $[a, b]$ weniger als k Nullstellen, $k = 1, 2, \ldots, n$, auch wenn die Multiplizität berücksichtigt ist.

Die Funktionen $u_r(x) = e^{-xt_r}$, $r = 1,2,\ldots,n$, die in (4) auftreten, bilden ein Čebyševsystem. Dasselbe gilt für $u_{2r-1}(x) = e^{-xt_r}$, $u_{2r}(x) = x\, e^{-xt_r}$ in (5). $h > 0$ sei eine feste Zahl. Wir setzen in (4) und (5) $\lambda = e^{-hx}$ und bekommen dann Čebyševsysteme in $[0,1]$, wenn λ als Variable betrachtet wird.

Wir sagen, daß der Vektor ν eine *Darstellung* $\{x_j, m_j\}_{j=1}^N$ hat, wenn $m_j > 0$, $a \leq x_1 < x_2 < \ldots < x_N \leq b$ und

$$(13) \qquad \sum_{j=1}^{N} m_j u_r(t_j) = \nu_r, \qquad r = 1,2,\ldots,n.$$

Die Zahl

$$Z = \sum_{j=1}^{N} \{sign(t_j - a) + sign(b - t_j)\}$$

nennen wir *den Index* der Darstellung (13). (Wie gewöhnlich ist die Funktion *sign* durch $sign(0) = 0$, $sign(x) = x/|x|$, $x \neq 0$ definiert.)

Der Index von (13) kann deshalb nur einen der drei Werte $2N$, $2N-1$ und $2N-2$ haben.

Die Menge

$$M_n = \{\nu \mid \nu_r = \int_a^b u_r(t)\,d\alpha(t), \quad \alpha \nearrow, \quad r = 1,2,\ldots,n\}$$

nennen wir einen *Momentenkegel.*

Falls $\{u_r\}_{r=1}^n$ ein Čebyševsystem ist, ist M_n abgeschlossen. Es gibt das bekannte Ergebnis ([5], S. 42, S. 45).

SATZ 1: *$u_1, u_2, \ldots, u_n$ seien ein Čebyševsystem in $[a,b]$, und ν erfülle die Bedingung: es gibt ein nicht-abnehmendes α, so dass*

$$(14) \qquad \nu_r = \int_a^b u_r(t)\,d\alpha(t), \qquad r = 1,2,\ldots,n.$$

Dann gibt es zwei Fälle:

1) *Liegt ν auf dem Rand von M_n, gibt es nur eine Punktmassendistribution α mit Index $< n$, die (14) erfüllt.*

2) *Liegt* ν *im Innern von* M_n *, gibt es genau zwei Darstellungen* (13) *mit Index* n .

Diese werden die *prinzipalen Darstellungen* genannt.

Im zweiten Fall gibt es immer genau eine Darstellung, die eine Masse in b hat. Sie wird die *obere Darstellung* genannt. Für die andere prizipale Darstellung verwenden wir das Wort *untere*.

Die Motivation,diese Darstellungen zu betrachten, haben wir auf Grund des Theorems:

SATZ 2: ([5], S. 80). $u_1, u_2, \ldots, u_{n+1}$ *bilden ein Čebyševsystem in* $[a, b]$. *Wir betrachten*

$$\int_a^b u_{n+1}(t)\,d\alpha(t) \tag{15}$$

für alle α, *die nicht-abnehmend sind und*

$$\int_a^b u_r(t)\,d\alpha(t) = \mu_r\,, \qquad r = 1, 2, \ldots, n \tag{16}$$

erfüllen. Wenn die Bedingungen (16) *konsistent sind, nimmt* (15) *seine Extremalwerte für die prinzipalen Darstellungen von* μ *an.*

Im nächsten Abschnitt werden wir das Ausrechnen von prinzipalen Darstellungen diskutieren. Wir erwähnen hier, daß man folgende nichtlineare Systeme lösen muß:

$$n = 2q$$

$$\text{Untere:} \quad \sum_{i=1}^{q} m_i u_r(t_i) = \mu_r \qquad r = 1, 2, \ldots, n \qquad \text{(Gauss)} \tag{17}$$

$$\text{Obere:} \quad \sum_{i=1}^{q+1} m_i u_r(t_i) = \mu_r \qquad r = 1, 2, \ldots, n \tag{18}$$

$$t_1 = a \qquad t_{q+1} = b \qquad \text{(Lobatto)}$$

$n = 2q+1$

(19) Untere: $\sum_{i=1}^{q+1} m_i u_r(t_i) = \mu_r \qquad r = 1,2,\ldots,n$

$t_1 = a$ (Radau-a)

(20) Obere: $\sum_{i=1}^{q+1} m_i u_r(t_i) = \mu_r \qquad r = 1,2,\ldots,n$

$t_{q+1} = b$ (Radau-b).

Die Systeme (17)-(20) liefern die Gewichte und Abszissen von Quadraturformeln, die direkte Verallgemeinerungen von denen mit den angegebenen Namen sind. Alle diese Quadraturformeln sind exakt für Integranden, die Linearkombinationen von $u_1, u_2, \ldots, u_n$ sind. Man kann deshalb erwarten, daß diese Formeln für die Integranden zweckmäßig sind, die gut mit solchen Linearkombinationen approximiert werden können. Die Beispiele 1, 2 und 3 aus dem vorigen Abschnitt führen zur Lösung von Systemen von der Form (17), wenn wir die oben erwähnte Transformation $\lambda = e^{-hx}$ gemacht haben. Weil die Funktionen $1, t, t^2, \ldots, t^{n-1}$, $(1+xt)^{-1}$ ein Čebyševsystem bilden, geben die Lobatto- und Gaussformeln (n gerade) die Schranken für $F(10)$, die am Ende von Beispiel 3 gegeben wurden.

Zahlreiche Beispiele von der Verwendung der prinzipalen Darstellungen sind in der Literatur erwähnt. Vgl. KARLIN-STUDDEN [5], S.163-168.

3. NUMERISCHE BESTIMMUNG DER PRINZIPAL-DARSTELLUNGEN

Wir diskutieren nur die Lösung von (17), weil die übrigen Systeme analog behandelt werden können. Wir verlangen, daß der Vektor μ im Inneren des Momentkegels M_n liegt. Nach Satz 1 hat μ genau eine untere Darstellung.

Unser Verfahren besteht darin, eine approximative Lösung von (17) zu konstruieren, welche mit Newton-Raphson-Iterationen verbessert wird. Wenn diese nicht konvergieren, versucht man eine Reihe von immer genaueren Methoden in solcher Weise, daß Konvergenz garantiert ist, unabhängig von der Anfangsapproximation. In der Praxis ist doch die Wahl von der ersten Approximation für den Rechenaufwand ausschlaggebend. Wir lösen (17) für $n = 2, 4, \ldots$

und benutzen die Lösung für $n=p$ (p gerade), um eine Anfangsapproximation für $n=p+2$ zu finden. Von KARLIN-STUDDEN [5], S. 47, leiten wir das Ergebnis her:

SATZ 3: μ *liege im Innern von* M_n *und erlaube zwei verschiedene Repräsentationen* (14) *für die Funktionen* α *und* α^*. α^* *gibt die untere prinzipale Darstellung* $\{x_i, m_i\}_{i=1}^q$ $q=\frac{n}{2}$. *D.h.* α^* *hat den Zuwachs* m_i *in* x_i *und* $a < x_1 < \ldots < x_q < b$. *Dann hat* α *Wachstumspunkte in jedem von den* $q+1$ *offenen Intervallen* $(a, x_1), (x_1, x_2), \ldots, (x_{q-1}, x_q), (x_q, b)$.

Wenn wir die untere prinzipale Darstellung $\{x_i, m_i\}_{i=1}^q$ für $n=2q$ kennen, approximieren wir die untere prinzipale Darstellung für $n=2q+2$ mit $\{y_i, z_i\}_{i=1}^{q+1}$, wo

$$y_1 = (a+x_1)/2, \quad y_i = (x_{i-1}+x_i)/2, \quad i=2,3,\ldots,q, \quad y_{q+1} = (x_q+b)/2$$

$$z_1 = m_1/2, \quad z_i = (m_{i-1}+m_i)/2, \quad i=2,3,\ldots,q, \quad z_{q+1} = m_q/2.$$

Diese Approximation hat sich als effektiv erwiesen.

Wir diskutieren jetzt die iterativen Verbesserungen. Wir bemerken sofort, daß die Newton-Raphson-Iteration immer ausführbar ist, solange man mit Punktmassendistributionen arbeitet, die untere prinzipale Darstellungen sein können. Diese Voraussetzung ist natürlich nicht für die ganze Iterationsfolge automatisch erfüllt.

Sei μ^j ein Vektor im Innern von M_n, dessen untere Prinzipaldarstellung $(x^j, m^j) = \{x_i^j, m_i^j\}_{i=1}^q$ bekannt ist. Für $0 \le \lambda \le 1$ betrachten wir die Vektorfunktion $x(\lambda)$, $m(\lambda)$, welche die untere prinzipale Darstellung von $(1-\lambda)\mu^j + \lambda\mu$ ist. Weil M_n ein Kegel ist, haben wir $(x(\lambda), m(\lambda))$ für $\lambda \in [0,1]$ sinnvoll definiert. Die Funktion ist im λ-Intervall stetig.

Durch Derivation beweisen wir, daß $x(\lambda)$, $m(\lambda)$ die Lösung des Anfangsproblems

$$\sum_{i=1}^{q} u_r(x_i(\lambda)) \frac{dm_i}{d\lambda} + \sum_{i=1}^{q} u_r'(x_i(\lambda)) m_i(\lambda) \frac{dx_i}{d\lambda} = \mu_r - \mu_r^j \tag{21}$$

$$(x(0), m(0)) \qquad \text{die untere prinzipale Darstellung von } \mu^j$$

ist. Deshalb können wir (17) durch Integration von (21) von $\lambda = 0$ bis $\lambda = 1$ beliebig genau lösen.

Wir führen eine Norm ein. Sei μ^0 im Inneren von M_n und seine untere prinzipale Darstellung gegeben. Wir machen eine Newton-Raphson-Iteration. Nenne das Ergebnis μ^*. Falls $\|\mu^*-\mu\| < \frac{1}{2}\|\mu^0-\mu\|$, setzen wir $\mu^1 = \mu^*$. Andernfalls integrieren wir (21) von $\lambda = 0$ bis $\lambda = 1$ und versuchen eine Reihe von Methoden von immer größerer Genauigkeit. (Der Verfasser verwendete das klassische Runge-Kutta-Verfahren mit Schrittlänge h, wo h immer kleiner gewählt wurde.) Früher oder später finden wir ein μ^* mit $\|\mu^*-\mu\| < \frac{1}{2}\|\mu^0-\mu\|$. Wir setzen dann $\mu^1 = \mu^*$ und wiederholen das ganze Verfahren mit μ^1 in der Rolle von μ^0. Auf diese Weise erhalten wir eine Folge von Vektoren $\mu^0, \mu^1 \ldots$ mit $\|\mu^j-\mu\| < 2^{-j}\|\mu^0-\mu\|$. Die untere prinzipale Darstellung von μ^j konvergiert gegen die von μ wegen der Stetigkeit der momenterzeugenden Funktionen $u_1, u_2, \ldots, u_n$.

Die hier entwickelten Methoden sind im allgemeinen nicht für den wichtigen Sonderfall $u_r(t) = t^{r-1}$ zu empfehlen. Die Algorithmen, die dann verwendet werden, sind von der speziellen Form von $u_1, u_2, \ldots, u_n$ abhängig. Für allgemeinere Aufgaben (z.B. System (5)) hat unser Verfahren sich effektiv erwiesen.

* * *

1) Department of Numerical Analysis, The Royal Institute of Technology, S-100 44 Stockholm 70, Sweden.

2) Alle hier erwähnten numerischen Ergebnisse sind mit Stockholms IBM 360/75 berechnet worden. Das Fortran-Programm ist bei dem Verfasser erhältlich.

3) Karlin-Studden [5], S. 6 verwendet den Ausdruck "extended complete Čebyšev system of order 2".

LITERATUR

1. Dahlquist, G., Gustafson, S.-Å und K. Siklósi: Convergence acceleration from the point of view of linear programming. BIT 5 (1965), 1-16.

2. Gustafson, S.-Å.: Convergence acceleration on Fourier integrals of analytic functions. Techn. Rep. NA 70.15, Dept. of Information Processing, The Royal Institute of Technology, S-100 44 Stockholm 70, Sweden.

3. Gustafson, S.-Å.: Control and estimation of computational errors in the evaluation of interpolation formulae and quadrature rules. Math. of Comp. 24 (1970), 847-854.

4. Gustafson, S.-Å. and G. Dahlquist: On the computation of slowly convergent Fourier integrals. Techn. Rep. NA 71.27, Dept. of Inform. Proc., The Royal Inst. of Technology, S-100 44 Stockholm 70, Sweden. (Wird in Methoden und Verfahren der Math. Physik, Bd. 6, erscheinen.)

5. Karlin, S. and W.J. Studden: Tschebyscheff systems: with applications in analysis and statistics. Interscience Publishers, J. Wiley and Son, Inc., New York 1966.

6. Ström, T.: Absolutely monotonic majorants - A tool for automatic strict error estimation in the approximate calculation of linear functionals. Techn. Rep. NA 70.23, Dept. of Information Processing, The Royal Institute of Technology, S-100 44 Stockholm 70, Sweden.

STETIGKEITSFRAGEN BEI DER DISKRETISIERUNG KONVEXER OPTIMIERUNGSPROBLEME

von W. Krabs in Aachen

§ 1 EINLEITUNG UND PROBLEMSTELLUNG

Den Ausgangspunkt dieser Arbeit bildet ein konvexes Optimierungsproblem in der folgenden allgemeinen Fassung:

Sei E ein linearer normierter Vektorraum und X eine nichtleere konvexe Teilmenge von E. Ferner sei Z ein halbgeordneter normierter Vektorraum, dessen Halbordnung definiert sei durch einen konvexen Kegel Y in Z mit θ_Z = Nullpunkt von Z als Scheitel vermöge der Definition

$$y \geq z \Longleftrightarrow z \leq y \Longleftrightarrow y-z \in Y.$$

Weiterhin sei $f: E \to \mathbb{R}$ ein konvexes Funktional im Sinne der natürlichen Halbordnung der Menge $\mathbb{R}$ der reellen Zahlen, und $g: E \to Z$ sei eine konkave Abbildung im Sinne der Halbordnung von Z.

P r o b l e m (P) : Unter den Nebenbedingungen

(1.1) $$x \in X, \quad g(x) \in Y$$

ist $f(x)$ zum Minimum zu machen.

Wir setzen

(1.2) $$S = \{x \in X : g(x) \in Y\}$$

und definieren den Extremalwert des Problems durch

$$(1.3) \qquad v(P) = \begin{cases} \inf\limits_{x \in S} f(x), & \text{falls } S \text{ nichtleer ist,} \\ +\infty & \text{sonst.} \end{cases}$$

Unter einer Diskretisierung dieses konvexen Optimierungsproblems (P) soll in dieser Arbeit folgendes verstanden werden: Vorgegeben seien Folgen $\{X_m\}$ nichtleerer konvexer Teilmengen X_m von E, $\{f_m\}$ konvexer Funktionale $f_m: E \to \mathbb{R}$ und $\{g_m\}$ konkaver Abbildungen $g_m: E \to Z$.

Für jedes m betrachten wir dann das

P r o b l e m (P_m): Unter den Nebenbedingungen

$$(1.1_m) \qquad x \in X_m, \quad g_m(x) \in Y$$

ist $f_m(x)$ zum Minimum zu machen.

In Analogie zu S und $v(P)$ definieren wir

$$(1.2_m) \qquad S_m = \{x \in X_m : g_m(x) \in Y\}$$

und den Extremalwert des Problems (P_m) durch

$$(1.3_m) \qquad v(P_m) = \begin{cases} \inf\limits_{x \in S_m} f(x), & \text{falls } S_m \text{ nichtleer ist,} \\ +\infty & \text{sonst.} \end{cases}$$

Die Idee besteht jetzt darin, die Menge X durch die Mengen X_m, das Funktional f durch die Funktionale f_m und die Abbildung g durch die Abbildungen g_m für $m \to \infty$ in geeigneter Weise beliebig gut anzunähern und dabei die Folgen $\{X_m\}$, $\{f_m\}$ und $\{g_m\}$ noch so zu wählen, daß die Probleme (P_m) numerisch leichter lösbar werden als das Problem (P). Wir werden das in § 3 an einem linearen Kontrollproblem noch genauer erläutern. Dieses Vorgehen ist natürlich nur sinnvoll, wenn die Konvergenz der Extremalwerte $v(P_m)$ der Probleme (P_m) gegen den Extremalwert $v(P)$ des Problems (P) sichergestellt ist.

Diese Frage haben wir in [9] in einem allgemeineren Rahmen untersucht und die dort gewonnenen Resultate auf gewisse Optimierungsprobleme angewandt, die mit Approximationsproblemen und der numerischen Lösung von Differentialgleichungen mit Hilfe von Monotonie- und Randmaximumsätzen zusammenhängen.

Die Grundlage der Betrachtungen bildete eine äquivalente, mehr geometrische

Umformulierung des Problems (P) nach dem Vorbild von VAN SLYKE und WETS [11]. Zu dem Zweck wurde die konvexe Menge

$$(1.4) \qquad K = \{(f(x) + r,\ g(x) - y) : r \geq 0,\quad x \in X,\ y \in Y\}$$

definiert und davon Gebrauch gemacht, daß das Problem (P) äquivalent ist der Aufgabe, die Zahl α unter der Nebenbedingung $(\alpha, \theta_Z) \in K$ zum Minimum zu machen.

Für den Extremalwert (1.3) gilt dann:

$$(1.5) \qquad v(P) = \begin{cases} \inf\limits_{(\alpha, \theta_Z) \in K} \alpha, & \text{falls } K \cap [\mathbb{R} \times \{\theta_Z\}] \text{ nichtleer ist,} \\ +\infty & \text{sonst.} \end{cases}$$

Definiert man für jedes m analog

$$(1.4_m) \qquad K_m = \{(f_m(x) + r,\ g_m(x) - y) : r \geq 0,\quad x \in X_m,\quad y \in Y\},$$

so erhält man als Extremalwert (1.3_m) des Problems (P_m)

$$(1.5_m) \qquad v(P_m) = \begin{cases} \inf\limits_{(\alpha, \theta_Z) \in K_m} \alpha, & \text{falls } K_m \cap [\mathbb{R} \times \{\theta_Z\}] \text{ nichtleer ist,} \\ +\infty & \text{sonst.} \end{cases}$$

Damit ergibt sich die folgende allgemeine Fragestellung: Unter welchen Voraussetzungen gilt

$$v(P) = \lim_{m \to \infty} v(P_m),$$

falls die Folge $\{K_m\}$ der Mengen (1.4_m) in geeigneter Weise gegen die Menge K (1.4) konvergiert?

Diese Frage wurde in [9] untersucht und dabei für K und K_m beliebige nichtleere konvexe Teilmengen von $\mathbb{R} \times Z$ betrachtet. Um den Abstand zweier Mengen in $\mathbb{R} \times Z$ zu messen, wurde die sogenannte Hausdorff-Metrik [8] (vgl. auch [2]) benutzt, die man folgendermaßen definieren kann:

Versieht man z.B. $\mathbb{R} \times Z$ mit der Norm

$$\|(\alpha, z)\| = \max(|\alpha|, \|z\|), \quad (\alpha, z) \in \mathbb{R} \times Z,$$

so wird $\mathbb{R} \times Z$ zu einem metrischen Raum mit der Metrik

$$d((\alpha, z), (\bar{\alpha}, \bar{z})) = \|(\alpha, z)-(\bar{\alpha}, \bar{z})\| = max(|\alpha-\bar{\alpha}|, \|z-\bar{z}\|).$$

Sind $a \in \mathbb{R} \times Z$ und $\rho \geq 0$ vorgegeben, so bezeichnen wir die Kugel vom Radius ρ um a, bestehend aus allen $b \in \mathbb{R} \times Z$ mit $d(a, b) \leq \rho$, mit $K(a, \rho)$. Der Hausdorff-Abstand zweier nichtleerer Teilmengen A und B von $\mathbb{R} \times Z$ ist dann gegeben durch

(1.6) $$\rho(A, B) = inf\{\rho : A \subseteq B_\rho \text{ und } B \subseteq A_\rho\},$$

wobei

(1.7) $$A_\rho = \bigcup_{a \in A} K(a, \rho) \text{ und } B_\rho = \bigcup_{b \in B} K(b, \rho)$$

sog. ρ-Umgebungen von A und B sind[1].

Das Hauptergebnis in [9] ist ein allgemeiner Stetigkeitssatz, aus dem wir in § 2 eine Konvergenzaussage herleiten werden, die besonders auf die oben beschriebene Diskretisierung des Ausgangsproblems *(P)* zugeschnitten ist.

Stetigkeitsuntersuchungen wurden auch in [1], [6], [7] und [12] durchgeführt, allerdings teils unter anderen Gesichtspunkten und mit anderen Hilfsmitteln und Voraussetzungen, so daß kein unmittelbarer Vergleich möglich ist, abgesehen vielleicht von [7], wo nichtlineare Optimierungsprobleme auf dem $\mathbb{R}^n$ mit endlich vielen Nebenbedingungen betrachtet und in einer Weise stetig abgeändert werden, die einer Änderung von $g(x)$ durch $g_m(x) = g(x) + z_m$ mit $\|z_m\| \to 0$ entspricht.

Für konvexe Optimierungsprobleme ist das Theorem 5 von [7], sogar unter schwächeren Voraussetzungen, in dem folgenden Satz 2.2 enthalten. Eine entsprechende Aussage findet sich aber auch schon in [10].

§ 2 ALLGEMEINE STETIGKEITSAUSSAGEN

Sei K eine nichtleere konvexe Teilmenge von $\mathbb{R} \times Z$ derart, daß das Innere $\dot{K}$ von K nichtleer ist und ein $\alpha_0 \in \mathbb{R}$ existiert mit

(2.1) $$(\alpha_0, \theta_Z) \in \dot{K}.$$

Weiterhin sei $\{K_m\}$ eine Folge nichtleerer konvexer Teilmengen K_m von $\mathbb{R} \times Z$ derart, daß für genügend großes m das Innere $\dot{K}_m$ von K_m nichtleer ist und ein $\alpha_m \in \mathbb{R}$ existiert mit

$$(\alpha_m, \theta_Z) \in \dot{K}_m. \tag{2.1$_m$}$$

Nach [9] gilt dann der folgende Stetigkeitssatz.

SATZ 2.1: *Sei der durch* (1.5) *gegebene Extremalwert* $v(P)$ *endlich. Gilt dann*

$$\lim_{m\to\infty} \rho(K, K_m) = o \tag{2.2}$$

für die durch (1.6) *definierte Hausdorff-Metrik, so ist für genügend grosses* m *der durch* (1.5$_m$) *gegebene Extremalwert* $v(P_m)$ *ebenfalls endlich, und es ist*

$$v(P) = \lim_{m\to\infty} v(P_m). \tag{2.3}$$

Wir wollen diesen Satz anwenden auf den Fall, daß die Menge K durch (1.4) und die Mengen K_m durch (1.4$_m$) gegeben sind. Nimmt man an, daß der Ordnungskegel Y von Z ein nichtleeres Inneres $\dot{Y}$ besitzt, und daß es ein $x_o \in X$ gibt mit

$$g(x_o) \in \dot{Y} \tag{2.4}$$

und für genügend großes m ein $x_m \in X_m$ mit

$$g(x_m) \in \dot{Y}, \tag{2.4$_m$}$$

dann sind die Voraussetzungen (2.1) und (2.1$_m$) erfüllt.

Unter den Annahmen (2.4) und (2.4$_m$) für genügend großes m gilt dann der

SATZ 2.2: *Sei*

$$\lim_{m\to\infty} \sup_{x\in X} |f(x)-f_m(x)| = o \tag{2.5}$$

sowie

$$\lim_{m\to\infty} \sup_{x\in X} \|g(x)-g_m(x)\| = o. \tag{2.6}$$

Ferner seien f_m *und* g_m *für alle* $m \geq m_o$ *gleichgradig gleichmässig stetig auf* $X \cup X_m$, *d.h. zu jedem* $\epsilon > o$ *gibt es ein* $\delta = \delta(\epsilon)$ *derart, dass für alle* x, $\hat{x} \in X \cup X_m$ *mit* $\|x-\hat{x}\| \leq \delta(\epsilon)$ *und alle* $m \geq m_o$ *gilt*

$$|f_m(x) - f_m(\hat{x})| \leq \epsilon \text{ und } \|g_m(x)-g_m(\hat{x})\| \leq \epsilon.$$ [2)]

Schliesslich sei

$$\lim_{m\to\infty} \rho(X_m, X) = o, \tag{2.7}$$

wobei ρ *die durch* (1.6) *definierte Hausdorff-Metrik für die Teilmengen von E (aufgefasst als metrischer Raum) ist. Ist dann der durch* (1.3) *gegebene Extremalwert v(P) des Problems (P) endlich, so sind für genügend grosses m die durch* (1.3_m) *definierten Extremalwerte* $v(P_m)$ *der Probleme* (P_m) *ebenfalls endlich, und es gilt* (2.3).

Beweis: Auf Grund der obigen Bemerkungen und der Gleichheit der Extremalwerte (1.3) und (1.5) bzw. (1.3_m) und (1.5_m) genügt es nach Satz 2.1 zu zeigen, daß (2.2) erfüllt ist für K nach (1.4), K_m nach (1.4_m) und ρ = Hausdorff-Metrik in $\mathbb{R} \times Z$.

Sei also $\epsilon > o$ vorgegeben. Dann folgt aus (2.5) und (2.6)

$$|f(x)-f_m(x)| \leq \frac{\epsilon}{2} \qquad \text{und} \qquad \|g(x)-g_m(x)\| \leq \frac{\epsilon}{2} \tag{2.8}$$

für alle $m \geq m_1(\epsilon)$ und alle $x \in X$.

Weiterhin folgt aus (2.7), daß es zu jedem $\rho > o$ ein $m(\rho)$ gibt mit

$$X_m \subseteq X_\rho \text{ und } X \subseteq (X_m)_\rho \qquad \text{für alle } m \geq m(\rho), \tag{2.9}$$

wobei X_ρ und $(X_m)_\rho$ nach (1.7) definiert sind (mit $d(a,b) = \|a-b\|$ für alle $a, b \in E$).

Zum Beweis von (2.2) ist zu zeigen, daß gilt:

$$K_m \subseteq K_\epsilon \quad \text{und} \quad K \subseteq (K_m)_\epsilon \qquad \text{für alle } m \geq m_2(\epsilon)$$

mit K_ϵ und $(K_m)_\epsilon$ nach (1.7).

Zu dem Zweck wählen wir $\rho = \delta(\epsilon)$ und $m(\rho) = m^*(\epsilon) \geq m_o$ so, daß für alle $m \geq m^*(\epsilon)$ die folgende Implikation gilt

$$(2.10) \qquad \|x-\hat{x}\| \leq \rho, \quad x,\hat{x} \in X \cup X_m \Longrightarrow \begin{cases} |f_m(x)-f_m(\hat{x})| \leq \frac{\epsilon}{2} \text{ und} \\ \|g_m(x)-g_m(\hat{x})\| \leq \frac{\epsilon}{2}, \end{cases}$$

was nach Voraussetzung möglich ist.

Nun sei $m \geq m_2 = max(m_1(\epsilon), m^*(\epsilon))$ und $(\hat{\alpha}, \hat{z}) \in K_m$ vorgegeben, d.h. es ist $\hat{\alpha} = f_m(\hat{x})+\hat{r}$, $\hat{z} = g_m(\hat{x})-\hat{y}$ mit einem $\hat{x} \in X_m$, $\hat{r} \geq 0$ und $\hat{y} \in Y$. Setzt man $\rho = \delta(\epsilon)$, so gibt es nach Wahl von m wegen (2.9) ein $x \in X$ mit $\|x-\hat{x}\| \leq \rho$. Definiert man $\alpha = f(x) + \hat{r}$ und $z = g(x) - \hat{y}$, so ist $(\alpha, z) \in K$, und aus (2.8) und (2.10) ergibt sich

$$|\alpha-\hat{\alpha}| = |f(x)-f_m(\hat{x})| \leq |f(x)-f_m(x)| + |f_m(x)-f_m(\hat{x})| \leq \epsilon$$

sowie

$$\|z-\hat{z}\| = \|g(x)-g_m(\hat{x})\| \leq \|g(x)-g_m(x)\| + \|g_m(x)-g_m(\hat{x})\| \leq \epsilon.$$

Damit ist gezeigt, daß gilt:

$$K_m \subseteq K_\epsilon \qquad \text{für alle} \quad m \geq m_2(\epsilon).$$

Analog zeigt man $K \subseteq (K_m)_\epsilon$ für alle $m \geq m_2(\epsilon)$, was den Beweis vollendet.

Bemerkungen:

1. Der Beweis von Satz 2.2 zeigt, daß die Hausdorff-Konvergenz (2.2) aus den Voraussetzungen von Satz 2.2 (ohne die Annahmen (2.4) und (2.4_m) für genügend großes m) bereits folgt, ohne daß man Konvexität von X und f bzw. Konkavität von g fordert.
2. Gilt $X_m = X$ für genügend großes m, so ist (2.7) trivial erfüllt, und auch die gleichgradige gleichmäßige Stetigkeit von f_m und g_m auf $X \cup X_m$ für genügend großes m wird entbehrlich. In dieser Form wurde der Satz 2.2 in [9] bewiesen und ist dann bequem auf die Diskretisierung linearer Approximationsprobleme anwendbar, wobei auch noch lineare Nebenbedingungen auftreten können. Wir wollen darauf hier nicht eingehen, da die zugrundeliegenden Gedanken sich bereits in [9] finden.

Für Probleme (P) ohne explizite Nebenbedingungen in der Form $g(x) \in Y$ läßt der Satz 2.2 eine Aussage zu, die ohne die Annahmen (2.4) und (2.4_m) für genügend großes m auskommt. Um diese Aussage formal zu gewinnen, hat man nur $Y = Z = E$ und $g_m = g =$ Identität für alle m zu wählen und erhält das

KOROLLAR: *Sei* $\{f_m\}$ *eine Folge konvexer Funktionale* $f_m : E \to \mathbb{R}$ *mit* (2.5) *derart, dass* f_m *für genügend grosses* m *gleichgradig gleichmässig stetig auf* $X \cup X_m$ *ist, und es gelte* (2.7).

Ist dann

$$v(P) = \inf_{x \in X} f(x) > -\infty,$$

so ist für alle genügend grossen m

$$v(P_m) = \inf_{x \in X_m} f_m(x) > -\infty,$$

und es gilt (2.3).

§ 3 ANWENDUNG AUF EIN LINEARES KONTROLLPROBLEM

Vorgelegt sei das folgende Problem: Gesucht ist eine Vektorfunktion $x \in C^1[o,1]^n$ derart, daß unter den Nebenbedingungen

$$\dot{x}(t) = \frac{dx}{dt}(t) = A(t)\,x(t) + B(t)\,u(t), \quad t \in [o,1], \tag{3.1}$$

$$x(0) = x_o, \tag{3.2}$$

$$u \in U \text{ und } \|u(t)\|_\infty \leq \gamma \;\forall\, t \in [o,1] \tag{3.3}$$

die Größe $\max_{t \in [o,1]} \|x(t) - \hat{x}(t)\|_\infty$ minimal ausfällt.

Dabei ist U ein endlich-dimensionaler linearer Teilraum von $C^1[o,1]^r$, $A(t)$ bzw. $B(t)$ ist eine stetig differenzierbare $n \times n$- bzw. $n \times r$-Matrixfunktion auf $[o,1]$, $\gamma > o$ ist eine vorgegebene Konstante, $x_o \in \mathbb{R}^n$ und $\hat{x} \in C[o,1]^n$ sind ebenfalls vorgegeben, und $\|\cdot\|_\infty$ bezeichnet die Maximum-Norm in $\mathbb{R}^r$ bzw. $\mathbb{R}^n$.

Es geht also darum, eine durch (3.1) und (3.2) beschriebene Bewegung mit Hilfe einer Steuerungsfunktion u, die (3.3) erfüllt, derart zu steuern, daß die maximale Abweichung von einer vorgegebenen Bahnkurve $\hat{x} \in C[o,1]^n$ so klein wie möglich ausfällt.

Bekanntlich gibt es zu jedem $u \in C^1[o,1]^r$ genau eine Lösung $x_u = C^2[o,1]^n$ von (3.1), (3.2), die gegeben ist durch

$$x_u(t) = Y(t)\,\{x_0 + \int_0^t Y(s)^{-1} B(s)\,u(s)\,ds\}, \tag{3.4}$$

wobei $Y(t)$ die $n\times n$ -Matrix der sog. Fundamentallösungen ist mit

$$\dot{Y}(t) = A(t)\;Y(t), \qquad t \in [o,1],$$

$$Y(o) = I = n\times n\text{-Einheitsmatrix}.$$

Definiert man

$$X = \{u \in U : \|u(t)\|_\infty \leq \gamma \;\forall\; t \in [o,1]\} \tag{3.5}$$

und

$$f(u) = \max_{t\in[o,1]} \|x_u(t) - \hat{x}(t)\|_\infty, \tag{3.6}$$

so ist X eine nichtleere konvexe Teilmenge von $C[o,1]^r$ und f ein konvexes Funktional auf $C[o,1]^r$ (versehen mit der Norm $\max_{t\in[o,1]} \|u(t)\|_\infty$).

Gleichbedeutend mit dem Ausgangsproblem ist dann das

Problem *(P)* : Gesucht ist ein $\hat{u} \in X$ mit

$$f(\hat{u}) \leq f(u) \qquad \text{für alle } u \in X.$$

Offenbar ist

$$v(P) = \inf_{u\in X} f(u) \geq o.$$

Um das Ausgangsproblem zu diskretisieren, wählen wir $m \geq 1$ und definieren

$$T_m = \{j\cdot h : j = o,\dots,m\} \text{ sowie } \quad T'_m = \{j\cdot h : j = o,\dots,m-1\}$$

mit $h = \frac{1}{m}$. Das diskrete Problem lautet dann folgendermaßen:

Gesucht ist ein Vektor $x \in \mathbb{R}^{n \cdot m}$ derart, daß unter den Nebenbedingungen

$$(3.1_m) \qquad \frac{1}{h}[x(t+h)-x(t)] = A(t)\,x(t) + B(t)\,u(t), \quad t \in T'_m,$$

$$(3.2_m) \qquad x(0) = x_0,$$

$$(3.3_m) \qquad u \in U \text{ und } \|u(t)\|_\infty \leq \gamma \; \forall\, t \in T_m,$$

die Größe $\max_{t \in T_m} \|x(t) - \hat{x}(t)\|_\infty$ minimal ausfällt.

Da U ein endlich-dimensionaler Teilraum von $C^1[o,1]^r$ ist, kann dieses Problem in eine Aufgabe der linearen Optimierung umformuliert und für jedes m numerisch gelöst werden. Um die Konvergenz der zugehörigen Extremalwerte gegen den des Ausgangsproblems nachweisen zu können, gehen wir davon aus, daß es zu jedem $u \in C^1[o,1]^r$ genau eine Lösung $x_u^m \in \mathbb{R}^{n \cdot m}$ von (3.1_m) (3.2_m) gibt, die rekursiv berechnet werden kann.

In Analogie zu f können wir daher definieren

$$(3.6_m) \qquad f_m(u) = \max_{t \in T_m} \|x_u^m(t) - \hat{x}(t)\|_\infty .$$

Jedes f_m ist ein konvexes Funktional auf $C[o,1]^r$. Um eine geeignete konvexe Teilmenge X_m von $C[o,1]^r$ zu finden, mit deren Hilfe beschrieben werden kann, daß $u \in C^1[o,1]^r$ (3.3_m) erfüllt, gehen wir folgendermaßen vor: Wir definieren eine Projektion $p_m : C^1[o,1]^r \longrightarrow C[o,1]^r$ durch

$$p_m(u)(t) = \frac{t_{j+1}-t}{t_{j+1}-t_j}\, u(t_j) + \frac{t-t_j}{t_{j+1}-t_j}\, u(t_{j+1})$$

für $t_j \leq t \leq t_{j+1}$ und $j = 0, \ldots, m-1$ und setzen

$$(3.5_m) \qquad X_m = p_m(U) \cap \{u \in C[o,1]^r : \|u(t)\|_\infty \leq \gamma \; \forall t \in [o,1]\}.$$

Dann gilt

$$p_m(u) \in X_m \iff u \in C^1[o,1]^r \text{ erfüllt } (3.3_m).$$

Weiterhin ist wegen $p_m(u)(t_j) = u(t_j)$ für alle $t_j \in T_m$ auch $x^m_{p_m(u)} = x^m_u$ und damit das diskrete Problem äquivalent zu

Problem (P_m): Gesucht ist ein $\hat{u} \in X_m$ mit

$$f_m(\hat{u}) \leq f_m(u) \qquad \text{für alle} \quad u \in X_m.$$

f_m ist dabei durch (3.6_m) definiert. Für jedes m ist

$$v(P_m) = \inf_{u \in X_m} f_m(u) \geq o.$$

Behauptung: Es ist

$$\lim_{m \to \infty} v(P_m) = v(P).$$

Zum Beweis dieser Behauptung wenden wir das Korollar zu Satz 2.2 an. Um (2.5) und die gleichgradige gleichmäßige Stetigkeit von f_m auf $X \cup X_m$ untersuchen zu können, müssen wir uns mit den Lösungen x_u von (3.1), (3.2) und x^m_u von (3.1_m), (3.2_m) befassen.

Setzt man für festes $u \in U$ und m die Lösung x_u von (3.1), (3.2) in (3.1_m), (3.2_m) ein, so erhält man

$$(3.1^*_m) \qquad \frac{1}{h}[x_u(t+h) - x_u(t)] = A(t)x_u(t) + B(t)u(t) + R_m(t,u)$$

für alle $t \in T'_m$. Subtrahiert man hiervon

$$\frac{1}{h}[x^m_u(t+h) - x^m_u(t)] = A(t)x^m_u(t) + B(t)u(t)$$

und setzt $r^m_u(t) = x_u(t) - x^m_u(t)$, so erhält man

$$(3.7) \qquad \frac{1}{h}[r^m_u(t+h) - r^m_u(t)] = A(t)r^m_u(t) + R_m(t,u).$$

Bezeichnet man die zur Maximum Norm in $\mathbb{R}^n$ gehörige natürliche Matrix-Norm ebenfalls mit $\|\cdot\|_\infty$ und setzt

$$L = \max_{t \in [o,1]} \|A(t)\|_\infty ,$$

so ergibt sich aus (3.7) durch vollständige Induktion nach $t \in T'_m$

(3.8) $$\|r_u^m(t+h)\|_\infty \le (t+h) \max_{t \in T'_m} \|R_m(t,u)\|_\infty \, e^{L(t+h)}$$

und daraus wegen $t+h \le 1$ für alle $t \in T'_m$

(3.9) $$\max_{t \in T_m} \|x_u(t)-x_u^m(t)\|_\infty \le K_1 \max_{t \in T'_m} \|R_m(t,u)\|_\infty$$

mit $K_1 = e^L$.

Nach (3.1_m^*) und $\dot{x}_u(t) = A(t)x_u(t) + B(t)\,u(t)$ ist

$$R_m(t,u) = \frac{1}{h}[x_u(t+h) - x_u(t)] - \dot{x}_u(t)$$

und somit

(3.10) $$\|R_m(t,u)\|_\infty \le \frac{h}{2} \max_{t \in [o,1]} \|\ddot{x}_u(t)\|_\infty \;\forall\; t \in T'_m.$$

Durch Differentiation von (3.1) für $x = x_u$ ergibt sich unter Verwendung von (3.4) für alle $u \in X$ die Abschätzung

(3.11) $$\max_{t \in [o,1]} \|\ddot{x}_u(t)\|_\infty \le K_2 + K_3 \cdot \gamma + K_4 \max_{t \in [o,1]} \|\dot{u}(t)\|_\infty$$

mit geeigneten Konstanten K_2, K_3, K_4.

Weiterhin macht man sich leicht klar, daß es eine feste Zahl $\lambda > o$ gibt mit

(3.12) $$\max_{t \in [o,1]} \|\dot{u}(t)\|_\infty \le \lambda \quad \text{für alle } u \in X.$$

Aus (3.9), (3.10), (3.11) und (3.12) ergibt sich damit für $K_1^* = \frac{K_1}{2}(K_2+K_3\gamma+K_4\lambda)$ die Abschätzung

(3.13) $$\max_{t \in T_m} \|x_u(t)-x_u^m(t)\|_\infty \le K_1^* \cdot \frac{1}{m} \;\forall\, u \in X.$$

Wählt man $u_o \equiv \theta_r$, so ist $u_o \in X$ und $x_{u_o}(t) = Y(t)x_o$.

Weiterhin ist $V = \{x_u - x_{u_o} = x_{u-u_o} : u \in U\}$ ein endlich-dimensionaler Teilraum von $C[o,1]^n$, und es ist wegen (3.4)

$$\max_{t\in[0,1]} \|x_u(t) - x_{u_o}(t)\|_\infty \leq \sigma \qquad \text{für alle} \quad u \in X,$$

wobei σ eine passende Konstante ist. Damit ist die Menge $\{x_u : u \in X\}$ eine kompakte Teilmenge von $C[0,1]^n$ und somit gleichgradig gleichmäßig stetig.

Zum Nachweis von (2.5) geben wir uns ein $\epsilon > 0$ beliebig vor und wählen $m_1(\epsilon)$ so, daß für alle $m \geq m_1(\epsilon)$ gilt

$$K_1^* \cdot \frac{1}{m} \leq \frac{\epsilon}{3} \qquad \text{mit } K_1^* \text{ nach (3.13).}$$

Für jedes $m \geq m_1(\epsilon)$ und jedes $u \in X$ gibt es dann ein $t_m^u \in T_m$ mit

$$f_m(u) = \|x_u^m(t_m^u) - \hat{x}(t_m^u)\|_\infty,$$

woraus nach (3.13)

$$f_m(u) \leq \|x_u(t_m^u) - \hat{x}(t_m^u)\|_\infty + \|x_u(t_m^u) - x_u^m(t_m^u)\|_\infty \leq f(u) + \epsilon \tag{3.14}$$

folgt. Nun wählen wir $t^u \in [0,1]$ so, daß gilt

$$f(u) = \|x_u(t^u) - \hat{x}(t^u)\|.$$

Weiterhin wählen wir $m_2(\epsilon)$ so, daß gilt

$$\|x_u(t) - x_u(t^u)\|_\infty \leq \frac{\epsilon}{3} \qquad \text{und} \quad \|\hat{x}(t) - \hat{x}(t^u)\|_\infty \leq \frac{\epsilon}{3}$$

für alle $t \in [0,1]$ mit $|t - t^u| \leq \frac{1}{m_2(\epsilon)}$.

Das ist möglich auf Grund der gleichgradigen gleichmäßigen Stetigkeit von $\{x_u : u \in X\}$ und der gleichmäßigen Stetigkeit von $\hat{x}$.

Für jedes $m \geq m_2(\epsilon)$ gibt es $t_m^u \in T_m$ mit $|t_m^u - t^u| \leq \frac{1}{m_2(\epsilon)}$.

Unter Benutzung der Identität

$$x_u^m(t_m^u) - \hat{x}(t_m^u) = x_u(t^u) - \hat{x}(t^u) - \{\hat{x}(t_m^u) - \hat{x}(t^u) - [x_u^m(t_m^u) - x_u(t_m^u)] - [x_u(t_m^u) - x_u(t^u)]\}$$

erhält man damit für jedes $u \in X$ die Abschätzung

(3.15) $$f_m(u) \geq f(u) - \epsilon \qquad \text{für alle } m \geq max(m_1(\epsilon), m_2(\epsilon)).$$

Aus (3.14) und (3.15) ergibt sich offenbar (2.5).

Um die gleichgradige gleichmäßige Stetigkeit von f_m auf $X \cup X_m$ für genügend großes m nachzuweisen, wählen wir $u, u^* \in C[o, 1]^r$ beliebig. Dann folgt aus (3.1_m)

$$x_u^m(t+h) - x_{u^*}^m(t+h) = [I + hA(t)][x_u^m(t) - x_{u^*}^m(t)] + hB(t)[u(t) - u^*(t)] \quad \forall\ t \in T'_m.$$

In Analogie zur Implikation (3.7) $\Longrightarrow$ (3.8) folgt hieraus durch vollständige Induktion nach $t \in T'_m$

$$\|x_u^m(t+h) - x_{u^*}^m(t+h)\|_\infty \leq (t+h)\ \tilde{L} \max_{t \in T_m} \|u(t) - u^*(t)\|_\infty\, e^{L(t+h)}$$

für alle $t \in T'_m$ und eine geeignete Konstante $\tilde{L}$.

Daraus folgt

$$\|x_u^m(t) - x_{u^*}^m(t)\| \leq K_2^* \max_{t \in [o,1]} \|u(t) - u^*(t)\|_\infty \quad \forall\ t \in T_m$$

mit $K_2^* = \tilde{L} e^L$. Sei $\epsilon > o$, und für $u, u^* \in C[o, 1]^r$ gelte

$$K_2^* \max_{t \in [o,1]} \|u(t) - u^*(t)\|_\infty \leq \epsilon.$$

Ist dann

$$f_m(u) = \|x_u^m(t) - \hat{x}(t)\|_\infty \qquad \text{für ein } t \in T_m$$

und

$$f_m(u^*) = \|x_{u^*}^m(t^*) - \hat{x}(t^*)\|_\infty \qquad \text{für ein } t^* \in T_m,$$

so folgt

$$f_m(u) \leq \|x_{u^*}^m(t) - \hat{x}(t)\|_\infty + \|x_u^m(t) - x_{u^*}^m(t)\|_\infty \leq f_m(u^*) + \epsilon$$

sowie

$$f_m(u) \geq \|x_u^m(t^*)-\hat{x}(t^*)\|_\infty \geq \|x_{u^*}^m(t^*)-\hat{x}(t^*)\|_\infty - \|x_u^m(t^*)-x_{u^*}^m(t^*)\|_\infty$$

$$\geq f_m(u^*)-\epsilon.$$

Aus diesen beiden Ungleichungen ergibt sich die gleichgradige gleichmäßige Stetigkeit von f_m auf $C[o,1]^r$ für alle m und damit erst recht auf $X \cup X_m$.

Es verbleibt noch der Nachweis von (2.7).

Sei $\epsilon > o$ vorgegeben. Für jedes $u \in X$ gilt dann $p_m(u) \in X_m$, und es gibt ein $m(\epsilon)$ mit

$$\max_{t\in[o,1]} \|p_m(u)(t)-u(t)\|_\infty \leq \epsilon \quad \text{für alle} \quad m \geq m(\epsilon),$$

da X kompakt und somit gleichgradig gleichmäßig stetig ist. Es ist also $X \subseteq (X_m)_\epsilon$ für alle $m \geq m(\epsilon)$. (Vgl. (1.7)).

Nun sei $u^* \in X_m$. Dann gibt es ein

$$u \in U_m = \{u \in U: \|u(t)\|_\infty \leq \gamma \quad \forall\, t \in T_m\}$$

mit $u^* = p_m(u)$. Nach einem Lemma in [9] gibt es ein $m_1(\epsilon)$ mit

$$U_m \subseteq \{u \in U: \|u(t)\|_\infty \leq (1+\epsilon)\gamma \ \forall t \in [o,1]\} \qquad \text{für alle } m \geq m_1(\epsilon).$$

Damit ist U_m für alle diese m kompakt und somit gleichgradig gleichmäßig stetig.

Setzt man $\hat{u} = \frac{1}{1+\epsilon}u$ für das obige $u \in U_m$, dann folgt $\hat{u} \in X$ sowie

$$\|u^*(t)-\hat{u}(t)\|_\infty = \|p_m(u)(t) - \tfrac{1}{1+\epsilon}u(t)\|_\infty$$

$$\leq \|p_m(u)(t)-u(t)\|_\infty + \|u(t)-\tfrac{1}{1+\epsilon}u(t)\|_\infty$$

$$\leq \|p_m(u)(t) - u(t)\|_\infty + \epsilon\gamma.$$

Nun ist wegen der gleichgradigen gleichmäßigen Stetigkeit aller U_m mit $m \geq m_1(\epsilon)$

$$\max_{t\in[o,1]} \|p_m(u)(t) - u(t)\|_\infty \leq \epsilon \qquad \text{für alle } m \geq m_2(\epsilon).$$

Damit ist $X_m \subseteq X_{(1+\gamma)\epsilon}$ für alle $m \geq max(m_1(\epsilon), m_2(\epsilon))$.

Damit ist auch (2.7) nachgewiesen und alle Voraussetzungen des Korollars zu Satz 2.2 als gültig erkannt.[3)]

Abschließend sei noch bemerkt, daß Konvergenzaussagen bei der Diskretisierung von Kontrollproblemen auch in [3] (für lineare Probleme) und in [4] (für nichtlineare Probleme) aufgestellt worden sind. In [5] wird eine allgemeine Diskretisierungstheorie für nichtlineare Optimierungsprobleme entwickelt und auf zahlreiche Spezialfälle angewandt, z.B. auch auf nichtlineare Kontrollprobleme. Dort findet sich auch weitere Literatur zu diesem Themenkreis.

* * *

[1)] In [9] haben wir den Hausdorff-Abstand etwas anders definiert. Beide Definitionen sind aber äquivalent (vgl. z.B. [8]).

[2)] Der Satz ist auch noch wahr, wenn man zuläßt, daß m_0 ebenfalls von ϵ abhängt.

[3)] Der Nachweis von (2.7) wird einfacher, wenn man die durch (3.5_m) definierte Menge X_m ersetzt durch $X_m = U_m = \{u \in U : \|u(t)\|_\infty \leq \gamma \; \forall \, t \in T_m\}$, wodurch sich an dem Problem (P_m) nichts ändert.

LITERATUR

1. Bereanu, B.: The distribution problem in stochastic linear programming. The cartesian integration method. Erscheint demnächst.

2. Berge, C.: Topological Spaces. The Macmillan Company, New York 1963.

3. Cullum, J.: Discrete approximations to continuous optimal control problems. SIAM Journal on Control 7 (1969), 32-50.

4. Cullum, J.: An explicit procedure for discretizing continuous, optimal control problems. Journal of Optimization Theory and Applications 8 (1971), 15-34.

5. Daniel, J.W.: The approximate minimization of functionals. Prentice-Hall, Inc., Englewood Cliffs, N.J., 1971.

6. Dantzig, G.B., J. Folkman and N. Shapiro: On the continuity of the minimum set of a continuous function. J. Math. Anal. Appl. 17 (1967), 519-548.

7. Evans, J.P. and F.J. Gould: Stability in nonlinear programming. Operations Research 18 (1970), 107-118.

8. Hausdorff, F.: Mengenlehre. Walter de Gruyter u.Co.: Berlin-Leipzig 1927, zweite Auflage.

9. Krabs, W.: Zur stetigen Abhängigkeit des Extremalwertes eines konvexen Optimierungsproblems von einer stetigen Änderung des Problems. Z. Angew. Math. Mech. 52(1972), 359-368.

10. Rockafellar, R.T.: Convex functions and duality in optimization problems and dynamics. In: Lecture Notes in Operations Research and Mathematical Economics. Vol. 11, Springer-Verlag: Berlin-Heidelberg-New York 1969.

11. van Slyke, R.M. and R.J.-B. Wets: A duality theory for abstract mathematical programs with applications to optimal control theory. J. Math. Anal. Appl. 22 (1968), 679-706.

12. Walkup, D.W. and R.J.-B. Wets: Continuity of some convex-cone-valued mappings. Proc. Amer. Math. Soc. 18 (1967), 229-235.

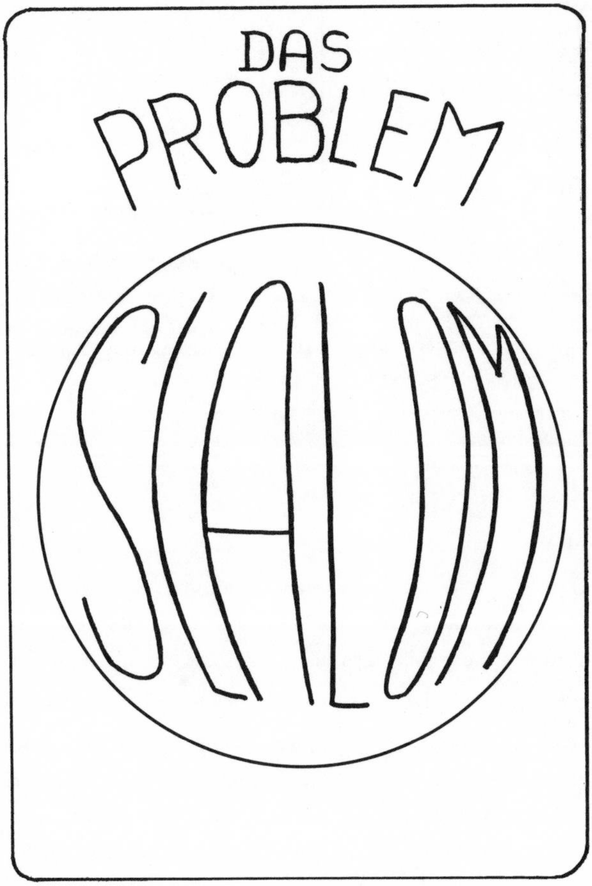

oder

OPTIMALE LINIENFÜHRUNG INNERHALB EINES KORRIDORS - EIN NICHT-LINEARES OPTIMIERUNGSPROBLEM

von K. Kubik in Rijkswaterstaat

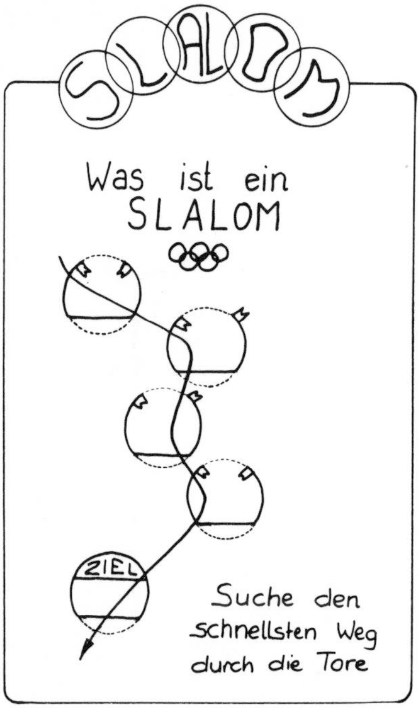

Bild 1

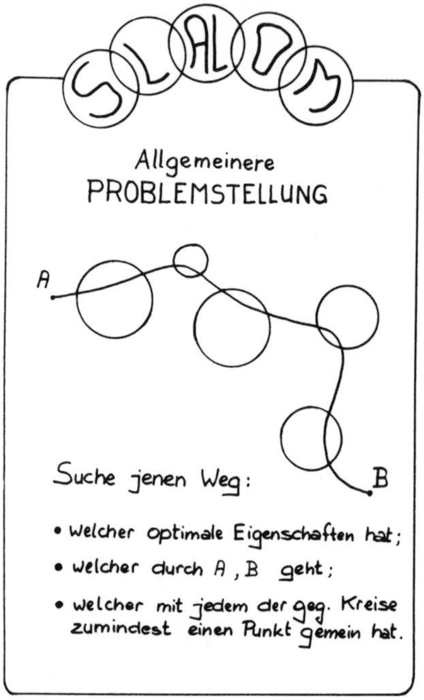

Bild 2

DAS PROBLEM:

In einem Slalom sucht der Schiläufer den schnellsten Weg durch die Tore. Welcher ist nun dieser Weg, dem der Schiläufer folgt? Dieses Problem ist ein Beispiel aus einer Klasse von Problemen, welche wir als Slalom-Probleme bezeichnen wollen.

Wir wollen nun aus dieser Klasse das folgende einfache Problem herausgreifen und dieses näher studieren: Gegeben sei eine Anzahl von Kreisen K_P, $P=1\ldots N$ in E^2. Gesucht sei jene stetige und einmal (zweimal) differenzierbare Kurve, welche mit jedem der gegebenen Kreise in vorgeschriebener Reihenfolge zumindest einen Punkt gemeinsam hat. Diese Kurve soll überdies eine gewisse optimale Eigenschaft besitzen, wie z.B. eine im Mittel so klein wie mögliche Krümmung. Um das Problem noch weiter zu vereinfachen, nehmen wir an, daß die beiden Kurvenendpunkte A und B bekannt seien.

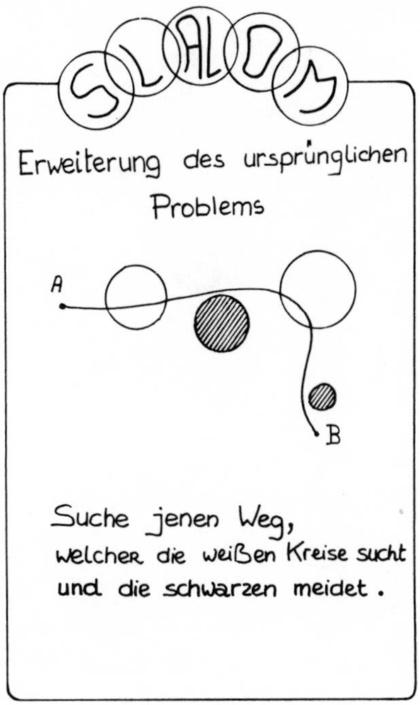

Bild 3

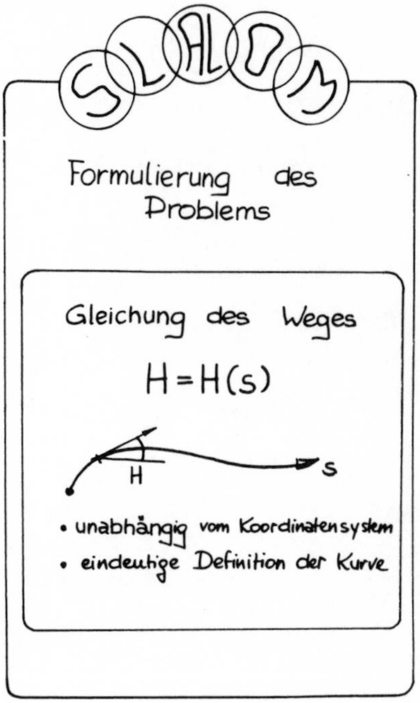

Bild 4

Dieses Problem ist eine Erweiterung des klassischen Problems der Kurveninterpolation, wobei die gegebenen Punkte durch Kreise ersetzt wurden. Man kann das soeben gestellte SLALOM-Problem auch noch erweitern, indem man die Bedingung hinzufügt, daß die gesuchte Kurve überdies mit vorgegebenen Kreisen $\bar{K}_Q$, $Q = 1 \ldots M$ keinen Punkt gemeinsam hat. Die Reihenfolge der Kreise $\bar{K}$, auch gegenüber der Kreise K, sei gegeben. Wir sind nun an der mathematischen Formulierung und Lösung dieses Problems interessiert und geben im Folgenden eine mögliche Formulierung und Lösung an.

DIE FORMULIERUNG DES PROBLEMS:

Für die Darstellung der Kurve verwenden wir die natürliche Gleichung $H=H(s)$, mit H Winkel zwischen Tangente und Abszisse und s Bogenlänge der Kurve. Diese Darstellung hat die günstige Eigenschaft, daß wir unabhängig vom Koordinatensystem sind und eine umfangreiche Klasse von Kurven, u. a. auch Schleifen, auf einfache Weise anschreiben können.

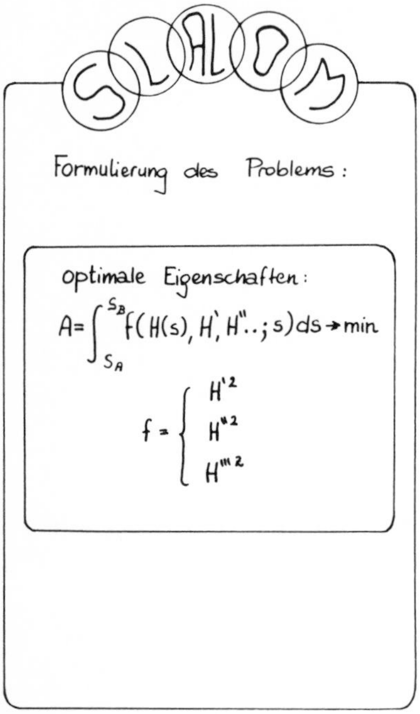

Bild 5

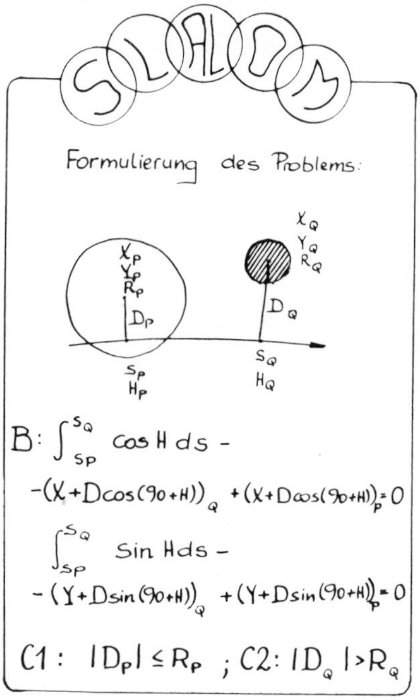

Bild 6

Die optimale Eigenschaft der Kurve sei wie folgt formuliert: Die Funktion $H(s)$ möge der Bedingung $A=\int_{s_A}^{s_B} f(H(s), H', H'', \dots, s)ds \rightarrow min$ genügen, wobei die Funktion f etwa gleich zu H'^2, H''^2 oder einer linearen Kombination dieser Größen sei.

Die Bedingung, daß die Kurve vorgegebene Kreise schneiden oder meiden soll, formulieren wir wie folgt: Wir schreiben die Koordinatenunterschiede aufeinanderfolgender Kreismittelpunkte $(X, Y)_P$ und $(X, Y)_Q$ in Funktion der Kurvenparameter $s_P, s_Q, H(s_P) = H_P, H_Q$ und der Normalabstände D_P, D_Q der Mittelpunkte von der Kurve an

$$\int_{s_P}^{s_Q} \cos H ds - (X+D\cos(90+H))_Q + (X+D\cos(90+H))_P = 0$$

$$\int_{s_P}^{s_Q} \sin H ds - (Y+D\sin(90+H))_Q + (Y+D\sin(90+H))_P = 0$$

und fordern, daß die Größen D_P, D_Q den folgenden Ungleichungen genügen

$$C1: |D_P| \leq R_P \qquad |D_P| - R_P \leq 0$$

$$C2: |D_Q| > R_Q \qquad |D_Q| - R_Q > 0.$$

Wir sprechen ab, daß bekannt sei, auf welcher Seite der Kurve die Mittelpunkte der Kreise $\bar{K}$ liegen.

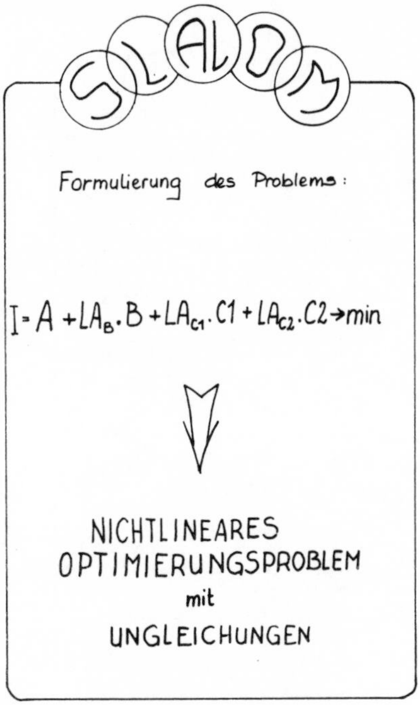

Bild 7

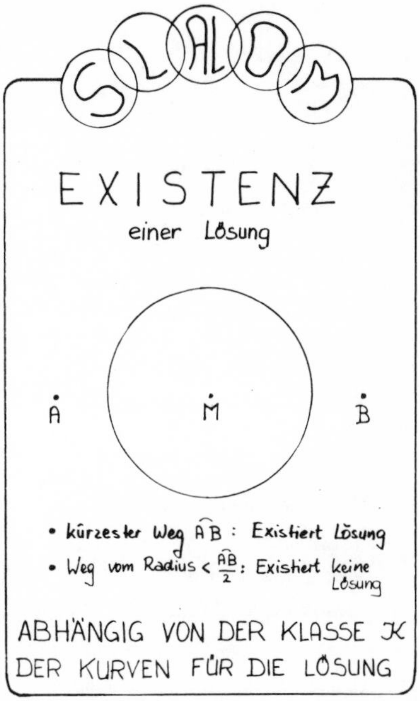

Bild 8

Somit ist das Problem mit Hilfe der Bedingungen A, B und C als Problem der nichtlinearen Programmierung formuliert. Diese Bedingungen können wir mit Hilfe von Lagrange-Multiplikatoren auch zu einem Ausdruck zusammenfassen und erhalten

$$A + LA_B \cdot B + LA_{C1} \cdot C1 + LA_{C2} \cdot C2 \rightarrow min.$$

Die Existenz einer Lösung hängt von der Klasse $\mathfrak{K}$ der Kurven $H(s)$ ab, innerhalb welcher wir eine Lösung suchen. Betrachten wir als Beispiel den folgenden einfachen Fall: Gegeben sei ein einzelner Kreis K mit Mittelpunkt M auf halbem Weg von A nach B und vom Radius $R < \frac{AB}{2}$. Fragen wir nun nach dem kürzesten Weg aus der Klasse aller kreisförmigen Wege, welcher A und B verbindet und K schneidet, so existiert eine Lösung. Fragen wir jedoch nach dem kürzesten Weg aus der Klasse aller kreisförmigen Wege mit $R < \frac{\widehat{AB}}{2}$, so existiert keine Lösung. Da wir die Frage der Existenz nicht systematisch untersuchten, wollen wir annehmen, daß wir bereits eine Kurve $\in \mathfrak{K}$ kennen, welche den Bedingungen B und $C1, C2$ genügt, und wollen versuchen, durch Abänderung ihrer Parameter die Bedingung A zu erfüllen.

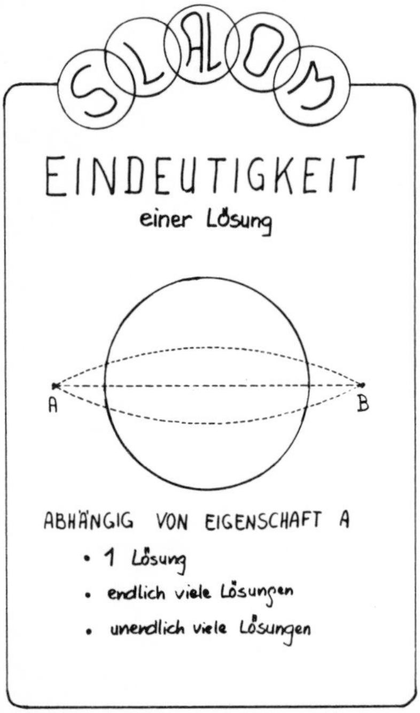

Bild 9

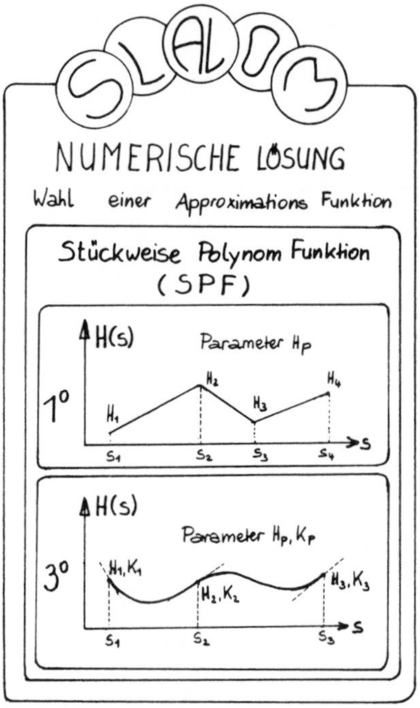

Bild 10

Mit Hilfe des gewählten Beispiels ist leicht einzusehen, daß auch mehrere Lösungen bestehen können: Fragen wir nach kreisförmigen Lösungswegen von vorgegebenem Radius $|H'|=R_o$, so bestehen keine oder zwei Lösungen. Fragen wir nach jenen Wegen, welche der Bedingung $A=\int_{s_A}^{s_B} H'^2 ds \rightarrow min$ genügen, so gibt es unendlich viele Kreise als Lösungen. Um die Lösung des Problems in einer großen Anzahl von Fällen eindeutig zu machen, fügen wir im Ausdruck I (Bild 7) noch den Term $Q_s(s_B-s_A)^2$ mit $Q_s \ll$ hinzu. Hiermit wird, falls die anderen Bedingungen nicht für eine eindeutige Lösung hinreichend sind, die Kurvenlänge $\widehat{AB}$ minimalisiert, und solcherart wird - in den meisten Fällen - eine eindeutige Lösung erzwungen.

DIE NUMERISCHE LÖSUNG DES PROBLEMS:

Zur numerischen Lösung wollen wir die Funktion $H(s)$ durch eine stückweise Polynomfunktion (SPF) vom Grade 1 oder Grade 3 und mit stetigen ersten Ableitungen annähern. Als Parameter der SPF 1.Grades wählen wir die Größen $(s,H)_i$ und für die SPF 3.Grades die Größen $(s,H,K=H')_i$ an den Knotenpunkten i, $i = 0,1,2,\dots$.
Für letztgenannte Funktion gilt dann im Intervall s_i, s_{i+1}

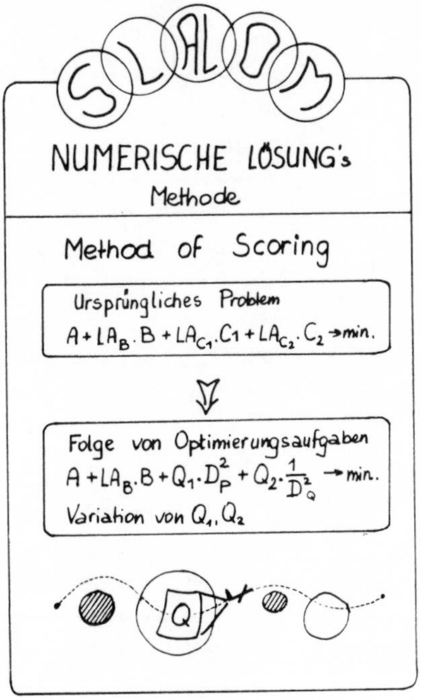

Bild 11

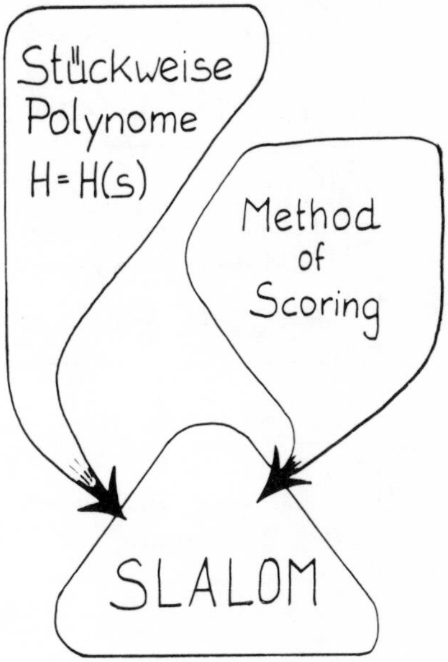

Bild 12

$$\bar{H}(s) = \frac{(s_{i+1}-s)^2}{h_i^2}\left[K_i(s-s_i)+H_i\,\frac{[2(s-s_i)+h_i]}{h_i}\right] - \frac{(s-s_i)^2}{h_i^2}\left[K_{i+1}(s_{i+1}-s)-H_{i+1}\frac{[2(s_{i+1}-s)+h_i]}{h_i}\right]$$

mit $h_i = s_{i+1}-s_i$.

Wir sprechen ab, daß wir bei jedem Wert s_P, s_Q (Bild 6) einen Knotenpunkt wählen. Weitere Knotenpunkte können, falls erwünscht, an beliebigen Stellen entlang der Kurve gewählt werden.

Die unbekannten Parameter der Funktion $\bar{H}(s)$ bestimmen wir aus dem nichtlinearen Programmierungs-Problem mit Hilfe der "Method of Scoring" (Methode der Penalty Funktion, ZOUTENDIJK [3]): Wir ersetzen die Glieder $LA_{C1} \cdot C1$ und $LA_{C2} \cdot C2$ durch $Q_1 \cdot D_P^2$ resp. $Q_2 \cdot \frac{1}{D_Q^2}$ (Q_1, Q_2 Gewichte) und lösen die so entstehende neue Optimierungsaufgabe ohne Ungleichungen. Durch eine geeignete Wahl einer Folge von Q Werten wird nun versucht, die Lösung des ursprünglichen Problems durch die Folge der Lösungen der neuen Optimierungsaufgaben so schnell wie möglich anzunähern.

Die numerische Lösung unseres SLALOM-Problems kennzeichnet sich somit durch die Verwendung von stückweisen Polynomfunktionen und der "Method of Scoring".

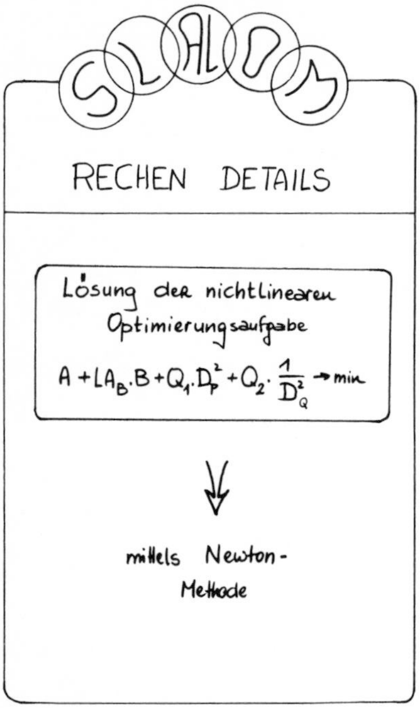

Bild 13

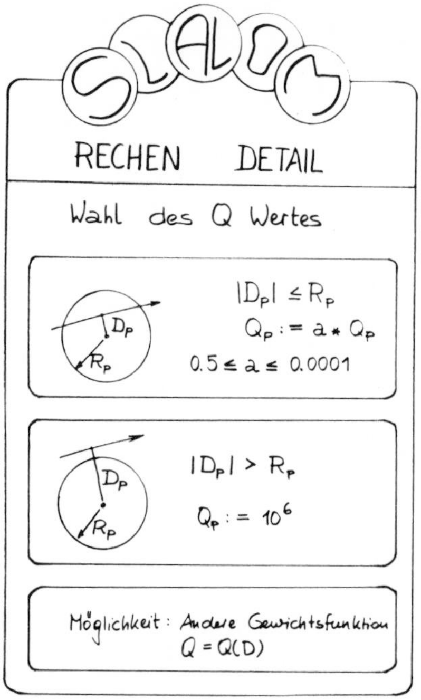

Bild 14

Die Optimierungsaufgaben in den einzelnen Iterationsschritten der Methode führen zu nichtlinearen Gleichungssystemen, welche mittels der Newton-Methode gelöst werden.

Am Ende eines jeden Iterationsschrittes werden neue Werte für die Größen Q_1, Q_2 für den folgenden Iterationsschritt gewählt: Die Wahl der Q Werte ist abhängig von den berechneten Größen D in den einzelnen Punkten und ist für die Kreise K in Bild 14 erklärt. Diese Wahl gewährleistet, daß die Werte D innerhalb des Intervalls $[-(R+\epsilon), +(R+\epsilon)]$, $\epsilon <<$ eingeschlossen sind und von den Intervallgrenzen wieder leicht ins Innere streben können. Für die Kreise $\bar{K}$ gilt eine ähnliche Regel.

DIE PRAKTISCHE BEDEUTUNG DES PROBLEMS

Dieses Problem ist auch von praktischer Bedeutung, u.a. in der Straßenplanung (Bild 15). Hier sucht man eine Linienführung einer Straße, welche gewisse Gebiete meidet und durch andere Gebiete (Vorzugsgebiete) hindurchgeht. Diese Gebiete wollen wir hier der Einfachheit halber als kreisförmig voraussetzen.

Bild 15

Bild 16

Unsere Erfahrungen in der numerischen Berechnung beziehen sich ausschließlich auf diese Anwendungen. Das Bild 15 zeigt ein numerisches Beispiel für die Linienführung einer Straße. Zur Berechnung dieses Beispieles waren insgesamt 7 Iterationsschritte notwendig. Bei dieser und anderen Berechnungen zeigte sich, daß die Wahl der Q Werte sehr sorgfältig erfolgen muß, wenn man eine schnelle Konvergenz des Verfahrens erreichen will. In jenen Iterationen, in welchen die Werte D zum erstenmal in der Größenordnung der Werte R liegen, darf die Abnahme der Q Werte nur langsam erfolgen (etwa um einen Faktor 5). In den ersten und letzten Iterationen allerdings können die Q Werte sehr schnell abnehmen (etwa um einen Faktor 1000). Es ist uns leider keine theoretische Begründung dieser Faustregel bekannt.

Sehr bedeutend ist ebenfalls das Problem der optimalen Linienführung innerhalb von Korridoren, welches mit der hier beschriebenen Methode näherungsweise gelöst werden kann, indem man die Kreise K genügend nahe zueinander wählt.

Der Verfasser dankt seinen Mitarbeitern, welche zu der Entwicklung des Rechenprogrammes beigetragen haben.

Im besonderen muß dabei die Arbeit von Herrn A. Kranendonk genannt werden. Die numerischen Berechnungen wurden von Frl. B.J. Vreugdenhil durchgeführt.

LITERATUR

1. Ahlberg, J.H., E.N. Nielsen and J.L. Walsh: The theory of splines and their application. Academic Press. (1967).

2. Bosman, E.R., Eckhart D. and K. Kubik: The application of piecewise polynomials to problems of curve and surface approximation. Rijkswaterstaat Comm. No. 12 (1971).

3. Zoutendijk, G.: Computational methods in nonlinear programming. Veröffentl. in Studies in Optimization 1, Society for Industr. and Appl. Mathem. Philadelphia, Pennsylvania 1970.

DUALITÄT UND OPTIMALE STEUERUNGEN

von F. Lempio in Hamburg

§ 1. EINLEITUNG

Nach dem Vorbilde von VAN SLYKE und WETS [8] geben wir für das allgemeine Optimierungsproblem 2.1. ein duales 2.2. an und erhalten für dieses Problempaar den Einschließungssatz 2.3. . Wir verzichten aber zunächst auf jegliche Linearitäts-, Konvexitäts- oder Differenzierbarkeitsvoraussetzungen, da der Einschließungssatz auch in dieser Allgemeinheit numerisch brauchbar sein kann, vergleiche hierzu COLLATZ [2].

Dann formulieren wir ein einfaches Steuerungsproblem als infinites lineares Optimierungsproblem 3.1., berechnen für das zugehörige duale Steuerungsproblem 3.2. zulässige Lösungen und erhalten damit in Lemma 3.3. obere Schranken für das Maximum des Ausgangsproblems. Dieses Steuerungsproblem mußte so einfach sein - es ließe sich deswegen auch anders behandeln -, weil es einerseits als leicht durchschaubares Beispiel dienen sollte und weil wir andererseits im infiniten Fall anscheinend noch am Anfang der Entwicklung stehen, zulässige Lösungen des Dualproblems wirklich anzugeben (vgl. COLLATZ [1], [2]), einer Entwicklung, deren Abschluß eine konstruktive Theorie zur Lösung von Funktionalgleichungen über unendlichdimensionalen Vektorräumen sein müßte.

Schließlich skizzieren wir für das lineare Optimierungsproblem 4.1. den Beweis eines starken Dualitätssatzes. Dieser Satz wird ausführlicher in [5] bewiesen. Dabei werden keine topologischen Zusatzvoraussetzungen benötigt. Grundlegendes Hilfsmittel sind vielmehr die in KLEE [3] zusammengestellten Trennungssätze für konvexe Mengen in linearen Räumen, mit denen einige der von STOER und WITZGALL in [7] angegebenen Resultate auf den infinitiven Fall verallgemeinert werden können (vgl. LEMPIO [6]).

§ 2. SCHWACHE DUALITÄT

Duales Problem und Einschließungssatz können noch ohne jegliche Konvexitäts- oder Linearitätsvoraussetzungen gewonnen werden für das folgende sehr allgemeine

2.1. OPTIMIERUNGSPROBLEM

X sei eine beliebige Menge, f eine Abbildung von X in den Körper R der reellen Zahlen, g eine Abbildung von X in einen linearen Raum Z über R und Y ein Teil von Z. Maximiere $f(x)$ unter den Nebenbedingungen $x \in X$ und $g(x) \in Y$!

Das folgende Dualproblem 2.2. besitzt eine einfache geometrische Interpretation: $(b, l) \in R \times Z^*$ - dabei ist Z^* der lineare Raum aller reellen linearen Funktionale auf Z - ist genau dann zulässig für 2.2., falls

$$\{(r, z) \in R \times Z:\ r = f(x),\quad z = g(x),\quad x \in X\}$$

und

$$\{(r, z) \in R \times Z:\ r \geq b,\quad z \in Y\}$$

im linearen Produktraum $R \times Z$ durch eine Hyperebene der Gestalt

$$\{(r, z) \in R \times Z:\ 1 \cdot r + l(z) = h\}$$

mit einem $h \in R$ und einem $l \in Z^*$ trennbar sind.

2.2. DUALPROBLEM

Minimiere b unter den Nebenbedingungen $(b, l) \in R \times Z^*$ und $f(x) + l(g(x)) \leq b + l(y)$ für alle $x \in X$ und alle $y \in Y$!

Dieses Problem läßt sich im linearen und konvexen Fall noch vereinfachen und führt dann auf die bekannten Dualprobleme. Wir ziehen die angegebene Formulierung vor wegen ihres unmittelbaren Zusammenhangs mit den verschiedenen Multiplikatorenregeln und Maximumprinzipien der nichtlinearen und nichtkonvexen Optimierung. Trivialerweise gilt für das Problempaar 2.1. und 2.2. der

2.3. EINSCHLIESSUNGSSATZ

Ist x zulässig für 2.1. und (b, l) zulässig für 2.2., so ist $f(x) \leq b$. Ist also x_0

Optimallösung von 2.1., *so gilt die Einschliessung* $f(x) \leq f(x_o) \leq b$.

Unmittelbare Folgerung hieraus ist das

2.4. KOROLLAR

Ist x *zulässig für* 2.1., (b, l) *zulässig für* 2.2. *und* $f(x)$ *gleich* b, *so ist* x *Optimallösung von* 2.1. *und* (b, l) *Optimallösung von* 2.2. .

§ 3. ANWENDUNG AUF EIN STEUERUNGSPROBLEM

Wir formulieren ein einfaches Steuerungsproblem als lineares Optimierungsproblem mit unendlich vielen Gleichungen und Ungleichungen als Nebenbedingungen. Unter $L_\infty[o, T]$ verstehen wir dabei den linearen Raum aller reellen, meßbaren, wesentlich beschränkten Funktionen auf dem reellen Intervall $[o, T]$, wobei wir zwei auf $[o, T]$ fast überall gleiche Funktionen miteinander identifizieren. Dann ist

$$L_\infty[o, T]_+ = \{u \in L_\infty[o, T] : u(t) \geq o \quad \text{fast überall in} \quad [o, T]\},$$

$L_\infty[o, T]^*$ der lineare Raum aller reellen linearen Funktionale auf $L_\infty[o, T]$ und

$$L_\infty[o, T]^*_+ = \{l \in L_\infty[o, T]^* : l(u) \geq o \quad \text{für alle} \quad u \in L_\infty[o, T]_+\}.$$

Entsprechend sind $C[o, T]_+$, $C[o, T]^*$ und $C[o, T]^*_+$ für den linearen Raum $C[o, T]$ aller reellen stetigen Funktionen auf $[o, T]$ definiert.

3.1. STEUERUNGSPROBLEM

X sei der lineare Raum aller Paare (w, u), wobei $w : [o, T] \longrightarrow R$ differenzierbar, $\frac{d}{dt} w$ absolut stetig, $w(o) = \frac{d}{dt} w(o) = \frac{d}{dt} w(T) = o$ und $u \in L_\infty[o, T]$ ist. $f : X \longrightarrow R$ sei definiert durch $f(w, u) = w(T)$ für alle $(w, u) \in X$, Z sei gleich $L_\infty[o, T]^3 \times C[o, T]$ und Y die Menge aller $(\tilde{y}, y_1, y_2, y_3) \in Z$ mit

$$\begin{aligned} &\tilde{y}(t) = o, \ y_1(t) \geq -\beta(t), \ y_2(t) \geq -\beta(t) \ \textit{fast überall in } [o, T], \\ &y_3(t) \geq -\gamma(t) \qquad \textit{für alle } t \in [o, T]. \end{aligned}$$

Dabei sind $\beta \in L_\infty[o, T]$ *und* $\gamma \in C[o, T]$ *fest vorgegeben.*

$g : X \longrightarrow Z$ sei definiert durch

$$g(w,u) = (u - \frac{d^2}{dt^2} w,\ -u,\ u,\ -\frac{d}{dt} w) \text{ für alle } (w,u) \in X.$$

Unser so spezialisiertes Optimierungsproblem 2.1. erfordert also die Maximierung der Endkoordinate $w(T)$ einer Trajektorie $w : [o,T] \longrightarrow R$ mit absolut stetiger Ableitung $\frac{d}{dt} w$, für die gilt

$$w(o) = \frac{d}{dt} w(o) = \frac{d}{dt} w(T) = o, \quad \frac{d}{dt} w(t) \leq \gamma(t) \quad \text{für alle } t \in [o,T]$$

und zu der es eine Steuerung $u \in L_\infty[o,T]$ gibt mit

$$|u(t)| \leq \beta(t) \quad \text{und} \quad \frac{d^2}{dt^2} w(t) = u(t) \text{ fast überall in } [o,T].$$

Das entsprechend spezialisierte Dualproblem 2.2. fordert die Minimierung der reellen Zahl b unter den Nebenbedingungen

$$(\tilde{l}, l_1, l_2, l_3) \in Z^* = L_\infty[o,T]^{*3} \times C[o,T]^*$$

und

$$w(T) + \tilde{l}(u - \frac{d^2}{dt^2} w) + l_1(-u) + l_2(u) + l_3(-\frac{d}{dt} w)$$

$$\leq b + l_1(-\beta + v_1) + l_2(-\beta + v_2) + l_3(-\gamma + v_3)$$

für alle $(w,u) \in X$ und alle $(v_1, v_2, v_3) \in L_\infty[o,T]_+^2 \times C[o,T]_+$.

Einfache Zwischenbetrachtungen zeigen, daß dieses Problem äquivalent ist zu folgendem.

3.2. DUALES STEUERUNGSPROBLEM

Minimiere $l_1(\beta) + l_2(\beta) + l_3(\gamma)$ unter den Nebenbedingungen

$(\tilde{l}, l_1, l_2, l_3) \in L_\infty[o,T]^* \times L_\infty[o,T]_+^{*2} \times C[o,T]_+^*$,

$l_1(u) - l_2(u) = \tilde{l}(u)$ *für alle* $u \in L_\infty[o,T]$, $w(T) = l_3(\frac{d}{dt} w) + \tilde{l}(\frac{d^2}{dt^2} w)$ *für alle Abbildungen* $w : [o,T] \longrightarrow R$ *mit absolut stetiger Ableitung und* $w(o) = \frac{d}{dt} w(o) = \frac{d}{dt} w(T) = o$!

Wir geben zulässige Funktionale für dieses Problem an und gewinnen so mit Hilfe des Einschließungssatzes obere Schranken für das Maximum des Ausgangsproblems 3.1. .

Setze mit vorgegebenen Zahlen $t_0 \leq t_1$ aus $[o,T]$

$$l_3(f) = \int_{t_0}^{t_1} f(t)dt \qquad \text{für alle } f \in C[o,T],$$

$$l_1(f) = \int_0^{t_0} \int_0^t f(s)dsdt,$$

$$l_2(f) = \int_{t_1}^{T} \int_t^T f(s)dsdt \qquad \text{und}$$

$$\tilde{l}(f) = l_1(f) - l_2(f) \qquad \text{für alle } f \in L_\infty[o,T].$$

Dann ist offenbar

$$l_3\left(\frac{d}{dt}f\right) + \tilde{l}\left(\frac{d^2}{dt^2}f\right) = f(T)$$

für alle Abbildungen $f : [o,T] \longrightarrow R$ mit absolut stetiger Ableitung und

$$f(o) = \frac{d}{dt}f(o) = \frac{d}{dt}f(T) = o.$$

Also folgt aus dem Einschließungssatz 2.3. das

3.3. LEMMA

Ist (w,u) zulässig für das Steuerungsproblem 3.1., *so gilt für jedes Paar reeller Zahlen $t_0 \leq t_1$ aus $[o,T]$*

$$w(T) \leq \int_0^{t_0} \int_0^t \beta(s)dsdt + \int_{t_0}^{t_1} \gamma(t)dt + \int_{t_1}^{T} \int_t^T \beta(s)dsdt.$$

§ 4. STARKE DUALITÄT

Wir fragen uns, ob mittels zulässiger Lösungen des Dualproblems 2.2. wenigstens theoretisch der Maximalwert des Ausgangsproblems 3.1. beliebig genau approximiert werden kann, und beantworten diese Frage gleich etwas allgemeiner in Form eines starken Dualitätssatzes für das folgende Problem.

4.1. LINEARES OPTIMIERUNGSPROBLEM

X sei konvexer Teil eines linearen Raumes E über R, f eine lineare Abbildung von E in R, g eine lineare Abbildung von E in einen linearen Raum Z über R und Y ein konvexer Teil von Z. Maximiere $f(x)$ unter den Nebenbedingungen $x \in X$ und $g(x) \in Y$!

Ist x_o Optimallösung dieses Problems und sind

$$\{(r,z) \in R \times Z: r = f(x),\ z = g(x),\ x \in X\}$$

und

$$\{(r,z) \in R \times Z: r \geq f(x_o),\ z \in Y\}$$

durch eine Hyperebene der Gestalt

$$\{(r,z) \in R \times Z:\ 1 \cdot r + l(z) = h\}$$

mit einem $h \in R$ und einem $l \in Z^*$ trennbar, so ist offenbar $(f(x_o), l)$ zulässig und nach 2.4. auch Optimallösung für das Dualproblem 2.2. zu 4.1. .

Durch diese geometrische Interpretation wird der folgende starke Dualitätssatz motiviert. Dabei bezeichnen wir mit A^i den *relativen Kern einer Teilmenge A* eines linearen Raumes über R. Es ist $a \in A^i$ genau dann, wenn es zu jedem Element e der *affinen Hülle* von A ein $\epsilon > o$ gibt mit $a + r(e-a) \in A$ für alle $r \in [o, \epsilon)$. Die affine Hülle von A ist die kleinste lineare Mannigfaltigkeit, in der A enthalten ist. Die Kodimension des zugehörigen linearen Unterraumes heiße *Defekt von A*.

4.2. DUALITÄTSSATZ

Sei $Y^i \neq \emptyset$, und sei Y endlichen Defektes oder $X^i \neq \emptyset$. Sind dann $g(X)$ und Y in Z nicht durch eine Hyperebene trennbar, so folgt aus der optimalen Lösbarkeit des linearen Optimierungsproblems 4.1. die optimale Lösbarkeit des zuge-

hörigen Dualproblems 2.2. *und die Übereinstimmung der Extrema beider Probleme.*

Beweis: x_o sei Optimallösung von 4.1. . Ist dann $Y^i \neq \emptyset$ und ist $X^i \neq \emptyset$ oder Y endlichen Defektes, so sind

$$\{(r,z) \in R \times Z : r = f(x), \quad z = g(x), \quad x \in X\}$$

und

$$\{(r,z) \in R \times Z : r \geq f(x_o), \ z \in Y\}$$

in $R \times Z$ durch eine Hyperebene trennbar, vergleiche hierzu KLEE [3] und LEMPIO [5].

Also existiert ein $l_o \geq o$ und ein $l \in Z^*$ mit $l_o f(x) + l(g(x)) \leq l_o f(x_o) + l(y)$ für alle $x \in X$ und alle $y \in Y$.

Wäre $l_o = o$, so wäre l notwendig nicht identisch o, also wären $g(X)$ und Y in Z durch eine Hyperebene trennbar im Widerspruch zur Voraussetzung des Satzes. Also ist l_o gleich 1 wählbar, und die Behauptung folgt aus den Bemerkungen im Anschluß an 4.1. .

Insbesondere sind $g(X)$ und Y nicht durch eine Hyperebene trennbar, falls $g(X) - Y$ in keiner Hyperebene von Z gelegen ist und das Nullelement o_Z von Z zu $(g(X) - Y)^i$ gehört, vergleiche hierzu LEMPIO [5].

Ist $Y^i \neq \emptyset$ und Y vom Defekt o - in diesem Falle ist Y^i gleich dem *algebraischen Kern* Y^o von Y im Sinne von KÖTHE [4] -, so ist offenbar $g(X) - Y^o \subset (g(X) - Y)^i$. *Also ist* $o_Z \in (g(X) - Y)^i$, *falls ein* $x \in X$ *existiert mit* $g(x) \in Y^o$. Das ist im wesentlichen die klassische SLATER-Bedingung.

Ist $Y^i \neq \emptyset$ und $g(X)^i \neq \emptyset$, so ist $(g(X) - Y)^i = g(X)^i - Y^i$. *Also ist* $o_Z \in (g(X) - Y)^i$, *falls ein* $x \in X$ *existiert mit* $g(x) \in g(X)^i$ *und* $g(x) \in Y^i$. Wegen der Linearität von g folgt aus $x \in X^i$ $g(x) \in g(X)^i$. Wir halten dieses Resultat fest in folgendem

4.3. KOROLLAR

Sei $Y^i \neq \emptyset$, $X^i \neq \emptyset$ *und* $g(X) - Y$ *in keiner Hyperebene von* Z *gelegen. Existiert dann ein* $x \in X^i$ *mit* $g(x) \in Y^i$, *so folgt aus der optimalen Lösbarkeit des linearen Optimierungsproblems* 4.1. *die optimale Lösbarkeit des zugehörigen Dualproblems* 2.2. *und die Übereinstimmung der Extrema beider*

Probleme.

Gerade mit diesem Korollar lassen sich Optimierungsprobleme mit unendlich vielen Gleichungen als Nebenbedingungen behandeln, wie Anwendung auf unser Beispiel 3.1. zeigt.

Der Einfachheit halber fordern wir $\gamma(t) > o$ für alle $t \in [o, T]$ und $\beta(t) \geq \alpha$ fast überall in $[o, T]$ mit einer Konstanten $\alpha > o$. Dann ist offenbar $g(o_X) = o_Z \in Y^i$. Trivialerweise ist auch $o_X \in X^i = X$ und $g(X) - Y$ in keiner Hyperebene von Z gelegen. Nach 4.3. folgt aus der optimalen Lösbarkeit des Steuerungsproblems 3.1. die optimale Lösbarkeit des dualen Steuerungsproblems 3.2. und die Übereinstimmung der Extrema beider Probleme. Wir können also wenigstens theoretisch mittels zulässiger Lösungen des Dualproblems den Maximalwert des Ausgangsproblems beliebig genau approximieren, sofern er existiert.

Wir versuchen dies mit den in Lemma 3.3. explizit angegebenen Schranken für den in Fig. 1 skizzierten typischen Fall.

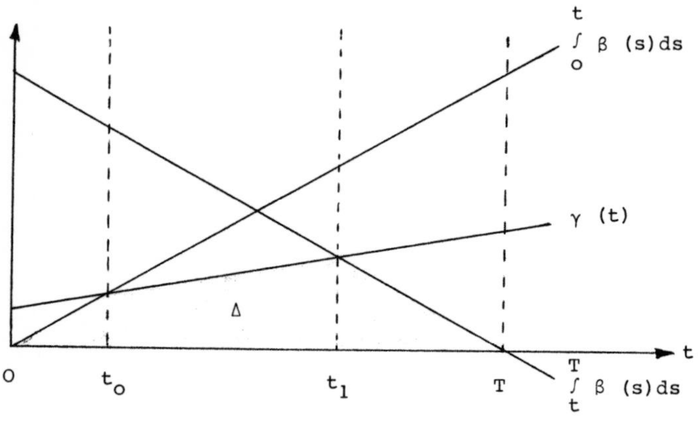

Fig. 1

Der Inhalt Δ der schraffierten Fläche ist in diesem Falle kleinste obere Schranke unter den in 3.3. angegebenen.

Ist überdies γ absolut stetig, $\left|\frac{d}{dt}\gamma(t)\right| \leq \beta(t)$ fast überall in $[o, T]$ und das Paar $(w, u) \in X$ definiert durch

$$u(t) = \begin{cases} \beta(t) & o \leq t < t_o \\ \frac{d}{dt}\gamma(t) & t_o \leq t < t_1 \\ -\beta(t) & t_1 \leq t \leq T \end{cases},$$

$$w(t) = \int_o^t \int_o^\tau u(s)ds d\tau \quad \text{für alle} \quad t \in [o, T]$$

- t_o und t_1 sind in Fig. 1 angedeutet -, so ist das Paar (w, u) zulässig und wegen $w(T) = \Delta$ nach Korollar 2.4. sogar Optimallösung für das solchermaßen spezialisierte Steuerungsproblem 3.1. .

LITERATUR

1. Collatz, L.: Approximationstheorie und Dualität bei Optimierungsaufgaben. ISNM 16 (1972), 33-39.
2. Collatz, L.: Anwendung der Dualität der Optimierungstheorie auf nichtlineare Approximationsaufgaben (in diesem Band).
3. Klee, V.L.: Separation and Support Properties of Convex Sets. A Survey. A.V. Balakrishnan (ed.): Control Theory and the Calculus of Variations. New York-London: Academic Press 1969, pp. 235-303.
4. Köthe, G.: Topologische lineare Räume I, 2. Aufl. Berlin-Heidelberg-New York: Springer-Verlag 1966.
5. Lempio, F.: Lineare Optimierung in unendlichdimensionalen Vektorräumen. Computing 8 (1971), 284-290.
6. Lempio, F.: Approximation of Infinite Optimization Problems: Duality and Necessary Conditions for Optimality (erscheint demnächst).
7. Stoer, J. and C. Witzgall: Convexity and Optimization in Finite Dimensions I. Berlin-Heidelberg-New York: Stringer-Verlag 1970.
8. van Slyke, R.M. and R.J.-B. Wets: A Duality Theory for Abstract Mathematical Programs with Applications to Optimal Control Theory. J. Math. Anal. Appl. 22 (1968), 679-706.

OPTIMALE DEFINITE POLYNOME UND QUADRATURFORMELN

von F. Locher in Tübingen

1. EINLEITUNG

Die Klasse der nicht-negativen (bzw. monotonen) Polynome gegebenen Grades war immer wieder Gegenstand eingehender Untersuchungen: Darstellungssätze (LUKÁCS, vgl. SZEGÖ [15], S. 4 f; KARLIN-STUDDEN [6]), spezielle Form des Mittelwertsatzes der Integralrechnung (LUKÁCS [14], vgl. SZEGÖ [15], S. 173 ff.), Approximationseigenschaften (KIRCHBERGER [7], LORENTZ-ZELLER [13]).

Wir werden auf nicht-negative (bzw. nicht-positive) Polynome bei der Untersuchung von Quadraturformeln vom Interpolationstyp geführt. Für gewisse interpolatorische Quadraturformeln läßt sich nämlich mit Hilfe der sogenannten "V-Methode" von HILDEBRAND [5] der Fehler auf die Form

$$R(f) = -\int_{-1}^{1} \frac{d}{dx} f[x, x_0, x_1, \dots, x_n]\, V(x)\, dx \tag{1.1}$$

bringen; hier ist V ein Polynom vom Grad $n+2$ und $f[x, x_0, \dots, x_n]$ eine dividierte Differenz der Ordnung $n+1$ (s.u.). Von besonderem Interesse sind Formeln, bei denen das Polynom V sein Vorzeichen im Intervall $[-1, 1]$ nicht wechselt, da dann auch der zugehörige Peano-Kern einheitliches Vorzeichen besitzt. Bei der Suche nach optimalen Formeln im Sinne der "V-Methode" stößt man auf das folgende Optimierungsproblem: Man bestimme das Minimum des Terms $\left| \int_{-1}^{1} V(x) dx \right|$ in der Klasse der nicht-negativen (bzw. nicht-positiven) Polynome V vom Grad $n+2$ und mit einem festen Höchstkoeffizienten. Am einfachsten erhält man die Lösung dieses Problems mit Hilfe von Quadraturformeln vom Gauß-Typ, wie sie bei ähnlichen Aufgaben auch sonst günstig verwendet werden können.

Wir erwähnen in diesem Zusammenhang die einseitige L_1-Approximation (BOJANIC-DE VORE [1]), die Bestimmung eines monotonen Minimalpolynoms (KIRCHBERGER [7], s.u.) und die Gewinnung der speziellen Form des Mittelwertsatzes für nicht-negative Polynome (LUKÁCS [14], vgl. SZEGÖ [15], S.173 ff.).

2. PROBLEMSTELLUNG

Ein Polynom p_n vom Grad $\leq n$ heiße definit, falls es im Intervall $[-1,1]$ sein Vorzeichen nicht wechselt; speziell nennen wir p_n nicht-negativ (nicht-positiv), falls $p_n(x) \geq 0$ $(p_n(x) \leq 0)$ für $|x| \leq 1$. Es sei w eine nicht-negative Gewichtsfunktion im Intervall $[-1,1]$. Wir untersuchen folgende Fragestellung: Welches nicht-negative (nicht-positive) Polynom p_n vom Grad n mit einem Höchstkoeffizienten 1 liefert das Minimum (Maximum) des Terms $\int_{-1}^{1} p_n(x)\, w(x)dx$.

Aus beweistechnischen Gründen (s.u.) unterscheidet man, ob der Polynomgrad n gerade oder ungerade ist. Man wird so zu den folgenden vier Aufgaben geführt, welche sich mit ähnlichen, aber nicht völlig gleichen Mitteln lösen lassen.

Gesucht wird bei festem Höchstkoeffizienten 1

$$O_1: \min_{p_{2n} \geq 0} \int_{-1}^{1} p_{2n}(x)\, w(x)dx,$$

$$O_2: \min_{p_{2n+1} \geq 0} \int_{-1}^{1} p_{2n+1}(x)\, w(x)dx,$$

$$O_3: \max_{p_{2n} \leq 0} \int_{-1}^{1} p_{2n}(x)\, w(x)dx,$$

$$O_4: \max_{p_{2n+1} \leq 0} \int_{-1}^{1} p_{2n+1}(x)\, w(x)dx.$$

Die vorliegende Optimierungsaufgabe kann als einseitiges L_1-Approximationsproblem für die Funktion x^n gedeutet werden. Von BOJANIC-DE VORE [1] wurde gezeigt, wie sich das optimale Polynom gewinnen läßt. Wir führen diese Untersuchungen fort und bestimmen explizit die Minimalabweichung.

3. OPTIMALE DEFINITE POLYNOME

Die Lösung der Optimierungsaufgaben O_i $(i = 1, 2, 3, 4)$ erhält man auf einfache Weise mit Hilfe von Quadraturformeln vom Gauß-, Radau- und Lobatto-Typ (vgl. auch BOJANIC-DE VORE [1]). Mit $P_m^{[w]}$ bezeichnen wir das Orthogonalpolynom m-ten Grades mit einem Höchstkoeffizienten 1 zur Belegung w. Dann folgt

THEOREM 3.1: *Für nicht-negative Polynome mit einem Höchstkoeffizienten 1 gilt*

$$O_1 : \int_{-1}^{1} p_{2m}(x)\, w(x)dx \geq \int_{-1}^{1} \{P_m^{[w]}(x)\}^2\, w(x)dx,$$

$$O_2 : \int_{-1}^{1} p_{2m+1}(x)\, w(x)dx \geq \int_{-1}^{1} \{P_m^{[\tilde{w}]}(x)\}^2\, (x+1)\, w(x)dx$$

$$\text{mit } \tilde{w}(x) = (x+1)\, w(x).$$

Für nicht-positive Polynome mit einem Höchstkoeffizienten 1 gilt

$$O_3 : \int_{-1}^{1} p_{2m}(x)\, w(x)dx \leq \int_{-1}^{1} \{P_{m-1}^{[\hat{w}]}(x)\}^2\, (x^2-1)\, w(x)dx$$

$$\text{mit } \hat{w}(x) = (1-x^2)\, w(x),$$

$$O_4 : \int_{-1}^{1} p_{2m+1}(x)\, w(x)dx \leq \int_{-1}^{1} \{P_m^{[w^*]}(x)\}^2\, (x-1)\, w(x)dx$$

$$\text{mit } w^*(x) = (1-x)\, w(x).$$

Die Gleichheit tritt nur für

$$O_1 : p_{2m}(x) = \{P_m^{[w]}(x)\}^2,$$

$$O_2 : p_{2m+1}(x) = (x+1)\, \{P_m^{[\tilde{w}]}(x)\}^2,$$

$$O_3 : p_{2m}(x) = (x^2-1)\, \{P_{m-1}^{[\hat{w}]}(x)\}^2,$$

$$O_4 : p_{2m+1}(x) = (x-1)\{P_m^{[w^*]}(x)\}^2$$

ein.

Beweis. Beim Problem O_1 gehen wir aus von der Gauß-Quadraturformel zur Belegung w (vgl. KRYLOV [8], S.100 ff.)

$$(2.1)\qquad \int_{-1}^{1} f(x)\, w(x)dx = \sum_{\nu=1}^{m} a_\nu f(x_\nu) + R_{2m-1}(f).$$

Die Gewichte a_ν sind positiv; die Knoten x_ν sind die Nullstellen des Orthogonalpolynoms $P_m^{[w]}$ und liegen somit im Innern des Intervalls $[-1,1]$. Der Fehler $R_{2m-1}(f)$ läßt sich für einen $(2m)$-mal stetig differenzierbaren Integranden darstellen in der Form

$$(2.2)\qquad R_{2m-1}(f) = \frac{f^{(2m)}(\xi)}{(2m)!} \int_{-1}^{1} \{P_m^{[w]}(x)\}^2 w(x)dx.$$

Da die Gewichte positiv sind und wir nur nicht-negative Polynome betrachten, folgt

$$(2.3)\qquad \int_{-1}^{1} p_{2m}(x)\, w(x)dx \geq R_{2m-1}(p_{2m}).$$

Das Gleichheitszeichen wird genau dann angenommen, wenn p_{2m} in den Knoten x_ν Nullstellen gerader Vielfachheit (hier: doppelte) hat. Die Forderung, daß p_{2m} den Höchstkoeffizienten 1 haben soll, ergibt mit Hilfe der Fehlerdarstellung (2.2) die Behauptung.

Auf analoge Weise läßt sich das Problem O_2 unter Verwendung einer Radau-Formel mit einem Knoten in -1, das Problem O_3 mit Hilfe einer Lobatto-Formel und das Problem O_4 unter Verwendung einer Radau-Formel mit einem Knoten in 1 lösen. Dabei ist zu beachten, daß es genügt, in den Knoten 1 oder -1 einfache (statt doppelte) Nullstellen des optimalen Polynoms zu fordern, um dessen Definitheit zu sichern.

Für spätere Anwendungen stellen wir die Lösung im Fall einer Jacobi-Belegung $w(x) = (1-x)^\alpha (1+x)^\beta$ mit $\alpha, \beta > -1$ noch einmal gesondert zusammen. In diesem Fall kann das Optimum mit Hilfe von Gauß-Jacobi- und verallgemeinerten Radau- und Lobatto-Formeln explizit angegeben werden. (Vgl. KRYLOV [8], GHIZETTI-OSSICINI [4]).

THEOREM 3.2: *Für nicht-negative Polynome mit einem Höchstkoeffizienten 1 gilt*

$$O_1' : \int_{-1}^{1} p_{2m}(x)\, (1-x)^\alpha (1+x)^\beta dx \geq \frac{2^{\alpha+\beta+2m+1} m!\,\Gamma(\alpha+m+1)\Gamma(\beta+m+1)\Gamma(\alpha+\beta+m+1)}{(\alpha+\beta+2m+1)[\Gamma(\alpha+\beta+2m+1)]^2},$$

$$O_2': \int_{-1}^{1} p_{2m+1}(x)(1-x)^\alpha(1+x)^\beta dx \geq \frac{2^{\alpha+\beta+2m+2} m!\,\Gamma(\alpha+m+1)\Gamma(\beta+m+2)\Gamma(\alpha+\beta+m+2)}{(\alpha+\beta+2m+2)[\Gamma(\alpha+\beta+2m+2)]^2}.$$

Für nicht-positive Polynome mit einem Höchstkoeffizienten 1 gilt

$$O_3': \int_{-1}^{1} p_{2m}(x)(1-x)^\alpha(1+x)^\beta dx \leq -\frac{2^{\alpha+\beta+2m+1} (m-1)!\,\Gamma(\alpha+m+1)\Gamma(\beta+m+1)\Gamma(\alpha+\beta+m+2)}{(\alpha+\beta+2m+1)[\Gamma(\alpha+\beta+2m+1)]^2},$$

$$O_4': \int_{-1}^{1} p_{2m+1}(x)(1-x)^\alpha(1+x)^\beta dx \leq -\frac{2^{\alpha+\beta+2m+2} m!\,\Gamma(\alpha+m+2)\Gamma(\beta+m+1)\Gamma(\alpha+\beta+m+2)}{(\alpha+\beta+2m+2)[\Gamma(\alpha+\beta+2m+2)]^2}.$$

Die Gleichheit tritt nur für

$$O_1': p_{2m}(x) = \left[\frac{2^m m!\,\Gamma(\alpha+\beta+m+1)}{\Gamma(\alpha+\beta+2m+1)}\right]^2 [P_m^{(\alpha,\beta)}(x)]^2,$$

$$O_2': p_{2m+1}(x) = \left[\frac{2^m m!\,\Gamma(\alpha+\beta+m+2)}{\Gamma(\alpha+\beta+2m+2)}\right]^2 (x+1)[P_m^{(\alpha,\beta+1)}(x)]^2,$$

$$O_3': p_{2m}(x) = \left[\frac{2^{m-1}(m-1)!\,\Gamma(\alpha+\beta+m+2)}{\Gamma(\alpha+\beta+2m+1)}\right]^2 (x^2-1)[P_{m-1}^{(\alpha+1,\beta+1)}(x)]^2,$$

$$O_4': p_{2m+1}(x) = \left[\frac{2^m m!\,\Gamma(\alpha+\beta+m+2)}{\Gamma(\alpha+\beta+2m+2)}\right]^2 (x-1)[P_m^{(\alpha+1,\beta)}(x)]^2$$

ein.

4. OPTIMALE QUADRATURFORMELN VOM INTERPOLATIONSTYP

Die vorliegende Optimierungsmethode läßt sich dazu verwenden, günstige Interpolationsquadraturformeln zu bestimmen. Zu diesem Zweck betrachten wir Quadraturformeln des Typs

$$(4.1)\quad \begin{cases} \int_{-1}^{1} f(x)dx = \sum_{\nu=0}^{n} a_\nu f(x_\nu) + R_n(f), \\ a_\nu \text{ reell}, \quad -1 \leq x_0 < x_1 < \ldots < x_n \leq 1, \\ R_n(p) = 0 \quad \text{für Polynome } p \text{ vom Grad} \leq n. \end{cases}$$

Formeln dieses Typs lassen sich interpolatorisch deuten, d.h. man erhält die Gewichte a_ν durch Integration der Lagrange-Grundfunktionen

$$(4.2)\qquad a_\nu = \int_{-1}^{1} \frac{v(x)}{v'(x_\nu)(x-x_\nu)}\,dx, \qquad v(x) = \prod_{\nu=0}^{n}(x-x_\nu).$$

Eine Fehlerdarstellung läßt sich durch Integration des Interpolationsrestes gewinnen (vgl. HILDEBRAND [5], S.168)

$$(4.3)\qquad R_n(f) = \int_{-1}^{1} f\,[x,x_0,x_1,\ldots,x_n]\,v(x)dx;$$

hier bezeichnet $f[x,x_0,\ldots,x_n]$ eine dividierte Differenz der Ordnung $n+1$. Wir betrachten speziell Formeln des folgenden Typs: Es sei n gerade und die Knoten x_i seien symmetrisch zum Nullpunkt gelegen, $x_i = -x_{n-i}$ (Beispiel: Simpson-Regel). Dann ist aus Symmetriegründen das Polynom $V(x) := \int_{-1}^{x} v(t)dt$ gerade und somit gilt $V(1) = V(-1) = 0$. Partielle Integration des Fehlers liefert

$$(4.4)\qquad R_n(f) = -\int_{-1}^{1} \frac{d}{dx} f\,[x,x_0,\ldots,x_n]\,V(x)dx.$$

Von besonderem Interesse sind Formeln, bei denen V im Intervall $[-1,1]$ das Vorzeichen nicht wechselt ("V-Methode" von HILDEBRAND [5], S.168 ff.); man macht sich leicht klar, daß V dann nicht-positiv für offene und nicht-negativ für geschlossene Formeln ist. In diesem Fall liefert der Mittelwertsatz der Integralrechnung für einen $(n+2)$ -mal stetig differenzierbaren Integranden

$$(4.5)\qquad R_n(f) = -\frac{f^{(n+2)}(\xi)}{(n+2)!}\int_{-1}^{1} V(x)dx \qquad (-1 \leq \xi \leq 1),$$

und hieraus folgt, daß auch der Peano-Kern definit ist. Eine optimale Formel im Sinne dieser Fehlerdarstellung erhält man, wenn der von f unabhängige Term $\left|\int_{-1}^{1} V(x)dx\right|$ minimal wird.

Wir stellen die Bedingungen an das Polynom V noch einmal übersichtlich zusammen:

a) Grad $V = n+2$, Höchstkoeffizient $\frac{1}{n+2}$,

b) $V(-1) = V(1) = o$, also $V(x) = (x^2-1)p_n(x)$,

c) $V'(x_k) = o$ für $-1 \leq x_o < x_1 < \ldots < x_n \leq 1$,

d) $V(x) \leq o$ für $|x| \leq 1$,

e) $\int_{-1}^{1} V(x)dx = max!$

Es liegt ein Optimierungsproblem vom Typ O_1' (mit $\alpha = \beta = 1$) vor, dessen Lösung Theorem 3.2 liefert. Man braucht nur noch mit Hilfe des Satzes von Rolle zu verifizieren, daß auch die Bedingung c) erfüllt ist.

THEOREM 4.1: *Die optimale Formel im Sinne der "V-Methode" erhält man durch*

(4.6) $$v(x) = c\,\frac{d}{dx}\,\{(x^2-1)\,[P_{\frac{n}{2}}^{(1,1)}(x)]^2\}.$$

Für $(n+2)$-mal stetig differenzierbares f gilt die Fehlerdarstellung

(4.7) $$R_n(f) = \frac{2^{n+3}(\frac{n}{2})!\,[(\frac{n}{2}+1)!]^2(\frac{n}{2}+2)!^2}{(n+2)(n+3)[(n+2)!]^2}\;\frac{f^{(n+2)}(\xi)}{(n+2)!}$$

$$= \frac{\pi}{4n}\,2^{-n}\,(1+o(1))\,\frac{f^{(n+2)}(\xi)}{(n+2)!} \qquad (-1 \leq \xi \leq 1).$$

Bemerkungen 4.2.

a) Auf die modifizierte Clenshaw-Curtis-Formel von FILIPPI [2], [3] ist die "V-Methode" anwendbar (LOCHER [10]). Der Fehler läßt sich darstellen in der Form

(4.8) $$R_n(f) = \frac{n+2}{(n+2)^2-1}\;2^{-n}\,\frac{f^{(n+2)}(\xi)}{(n+2)!} = \frac{1}{n}\,2^{-n}(1+o(1))\,\frac{f^{(n+2)}(\xi)}{(n+2)!}\;;$$

der Koeffizient der $(n+2)$-ten Ableitung ist also asymptotisch nur um einen Faktor $\frac{4}{\pi}$ größer als bei der optimalen Formel.

b) Aus Theorem 4.1 folgt, daß für die Anwendbarkeit der "V-Methode" die Ungleichung

$$|R_n(x^{n+2})| \geq \frac{\pi}{4n}\, 2^{-n}\, (1+o(1)) \tag{4.9}$$

notwendig ist. Da das Polynom V den Verlauf des zugehörigen Peano-Kerns wiederspiegelt, ist diese Abschätzung auch "beinahe" notwendig dafür, daß eine Quadraturformel einen definiten Peano-Kern besitzt.

c) Weitere Anwendungen von Theorem 4.1 erhält man bei der Untersuchung der Güte von gewissen ableitungsfreien Quadraturfehlerschranken (vgl. LOCHER [9], LOCHER-ZELLER [12]), sowie bei Abschätzungen für den Peano-Kern (LOCHER [11]) und daraus resultierenden Bedingungen für die Divergenz von Quadraturverfahren. Darauf werden wir zurückkommen.

5. EIN PROBLEM VON KIRCHBERGER

In seiner Dissertation untersuchte P. KIRCHBERGER [7] in Analogie zu dem bekannten Problem von Čebyšev die Frage, welches monotone Polynom p_n vom Grade n mit einem Höchstkoeffizienten 1 im Intervall $[-1,1]$ dem Betrage nach möglichst wenig von Null abweicht. Das extremale Polynom (die Existenz folgt aus Kompaktheitsgründen) darf man in der Form

$$p_n(x) = \int_{-1}^{x} p_n'(t)\, dt + C \tag{5.1}$$

annehmen. Es gilt dann $p_n(1) = -p_n(-1)$; die Addition oder Subtraktion einer kleinen positiven Konstanten würde sonst die Maximalabweichung verkleinern. Dies liefert

$$C = -\frac{1}{2} \int_{-1}^{1} p_n'(t)\, dt. \tag{5.2}$$

Wegen der Monotonie wird die größte Abweichung in den Intervallenden angenommen, also

$$\|p_n\| = p_n(1) = \frac{1}{2}\int_{-1}^{1} p_n'(t)\, dt, \quad \text{falls } p_n \text{ monoton steigt,} \tag{5.3}$$

bzw. $$\|p_n\| = -p_n(1) = -\frac{1}{2}\int_{-1}^{1} p_n'(t)\, dt, \quad \text{falls } p_n \text{ monoton fällt.}$$

Nach dem Vorgehen von Kirchberger haben wir das gegebene Problem auf die folgende Optimierungsaufgabe zurückgeführt: Gesucht ist ein nicht-negatives (nicht-positives) Polynom p_n' vom Grad $n-1$ und mit einem Höchstkoeffizienten n, welches $\int_{-1}^{1} p_n'(t)\,dt$ minimiert (maximiert). Während die Lösung bei Kirchberger einigen Aufwand erfordert, erhält man sie aus Theorem 3.2 unmittelbar ($\alpha = \beta = o$). Zu diesem Zweck klassifizieren wir nach der Art der Monotonie (wachsend/fallend) und des Polynomgrads (gerade/ungerade):

$$K_1\colon p_n' \geq o, \quad n = 2m+1, \qquad K_2\colon p_n' \geq o, \quad n = 2m,$$

$$K_3\colon p_n' \leq o, \quad n = 2m+1, \qquad K_4\colon p_n' \leq o, \quad n = 2m.$$

THEOREM 5.1: *Die folgenden Polynome ergeben die Lösung des Problems von Kirchberger*

$$K_1\colon \quad p_{2m+1}(x) = c_1 \int_{-1}^{x} \{P_m(t)\}^2 dt - L_1,$$

$$K_2\colon \quad p_{2m}(x) = c_2 \int_{-1}^{x} (1+t)\, \{P_{m-1}^{(o,1)}(t)\}^2 dt - L_2,$$

$$K_3\colon \quad p_{2m+1}(x) = c_3 \int_{-1}^{x} (t^2-1)\, \{P_{m-1}^{(1,1)}(t)\}^2 dt - L_3,$$

$$K_4\colon \quad p_{2m}(x) = c_4 \int_{-1}^{x} (t-1)\, \{P_{m-1}^{(1,0)}(t)\}^2 dt - L_4.$$

Die Konstanten c_i *haben die Werte*

$$c_1 = (2m+1)\left\{\frac{2^m (m!)^2}{(2m)!}\right\}^2, \quad c_4 = c_2 = 2m\left\{\frac{2^m (m!)^2}{(2m)!}\right\}^2,$$

$$c_3 = (2m+1)\,\frac{(m+1)^2}{4m^2}\left\{\frac{2^m (m!)^2}{(2m)!}\right\}^2.$$

Für die Minimalabweichung erhält man

$$K_1\colon \quad L_1 = \left\{\frac{2^m (m!)^2}{(2m)!}\right\}^2 = \frac{\pi m}{2^{2m}}\,(1 + o(1)),$$

$$K_2\colon \quad L_2 = \frac{2m^2}{(2m-1)^2}\left\{\frac{2^{m-1} ((m-1)!)^2}{(2m-2)!}\right\}^2 = \frac{\pi m}{2^{2m-1}}\,(1 + o(1)),$$

$$K_3: \quad L_3 = -\frac{m+1}{m}\left\{\frac{2^m (m!)^2}{(2m)!}\right\}^2 = \frac{\pi m}{2^{2m}}\,(1+o(1)),$$

$$K_4: \quad L_4 = -L_2.$$

Bemerkung 5.2:

Die Norm des monotonen Minimalpolynoms n-ten Grades hat asymptotisch den Wert $\pi n\, 2^{-n}$ und übertrifft somit das Betragsmaximum des Čebyšev-Polynoms $2^{-n+1} T_n$ nur um einen Faktor $\frac{\pi n}{2}$. Das Problem von Kirchberger hat neuerdings wieder Interesse gefunden, weil der Fall K_3 eine Näherung für das beste monotone Approximationspolynom an die Funktion x^{2n+1} liefert (vgl. LORENTZ-ZELLER [13]). Zerlegt man nämlich im Fall K_3 das extremale Polynom in der Form

$$p_{2n+1}(x) = x^{2n+1} - q_{2n-1}(x), \tag{5.4}$$

so folgt wegen $p'_{2n+1}(x) \leq o$

$$q'_{2n-1}(x) \geq (2n+1)\, x^{2n} \geq o. \tag{5.5}$$

Das Polynom q_{2n-1} ist also monoton und somit eine Näherung für das monotone Polynom bester Approximation. Dies zeigt, daß der Fehler bei monotoner Approximation der Funktion x^{2n+1} höchstens um einen Faktor der Größenordnung πn größer als die Čebyšev-Abweichung ist.

LITERATUR

1. Bojanic, R. and R. DeVore: On polynomials of best one sided approximation. L'enseignement Math. 12 (1966), 139-164.
2. Filippi, S.: Angenäherte Tschebyscheff-Approximation einer Stammfunktion - eine Modifikation des Verfahrens von Clenshaw und Curtis. Num. Math. 6 (1964), 320-328.
3. Filippi, S.: Untersuchungen über die Fourier-Tschebyscheff-Approximation von Stammfunktionen. Forschungsber. d. Land. Nordrhein-Westfalen Nr. 2066; Köln-Opladen: Westdeutscher Verlag, 1970.
4. Ghizetti, A. and A. Ossicini: Quadrature formulae. Basel: Birkhäuser-Verlag, 1970.

5. Hildebrand, F.B.: Introduction to numerical analysis. New York: McGraw-Hill, 1956.

6. Karlin, S. and W.J. Studden: Tchebycheff Systems: with applications in analysis and statistics. New York: Interscience, 1966.

7. Kirchberger, P.: Über Tschebyscheffsche Annäherungsmethoden. Inauguraldissertation Göttingen, 1902.

8. Krylov, V.I.: Approximate calculation of integrals. New York-London: Macmillan, 1962.

9. Locher, F.: Approximationsverfahren zur Gewinnung von ableitungsfreien Schranken für Quadraturfehler. Dissertation Tübingen, 1968.

10. Locher, F.: Fehlerabschätzungen für das Quadraturverfahren von Clenshaw und Curtis. Computing 4 (1969), 304-315.

11. Locher, F.: Positivität bei Quadraturformeln. Habilitationsschrift Tübingen, 1971.

12. Locher, F. und K. Zeller: Approximationsgüte und numerische Integration. Math. Ztschr. 104 (1968), 249-251.

13. Lorentz, G.G. und K.L. Zeller: Gleichmäßige Approximation durch monotone Polynome. Math. Ztschr. 109 (1969), 87-91.

14. Lukács, F.: Verschärfung des ersten Mittelwertsatzes der Integralrechnung für rationale Polynome. Math. Ztschr. 2 (1918), 295-305.

15. Szegö, G.: Orthogonal polynomials. Ann Arbor: Amer. Math. Soc. coll. publ. XXII, 1948.

SOME NUMERICAL TECHNIQUES FOR OPTIMAL CONTROL GOVERNED BY PARTIAL DIFFERENTIAL EQUATION

by M. Sibony in Tours

Let X be a closed convex subset of a Banach space V on $\mathbb{R}$. Given a functional $F : X \to R$. We seek to approximate $u \in X$ where u is a solution of the inequality

(1) $$F(u) \leq F(v) \qquad \forall\, v \in X.$$

In control problems governed by partial differential equations, (1) can be interpreted to mean that we are looking for a couple (x, u) which is a solution of

(2) $$J(x, u) \leq J(y, v) \qquad \forall\, (y, v) \in w$$

where

$$w = \{(y, v) \in X \times \mathfrak{U}_{ad} \mid Ay = f + Bv,\ A \in \mathfrak{L}_c(V, V'),\ B \in \mathfrak{L}_c(\mathfrak{U}, V'),\ f \text{ given in } V'\}$$

and $\mathfrak{U}_{ad}$ is a closed convex subset of the Banach space $\mathfrak{U}$.

We shall specify the principal results which enable one to obtain numerical solutions of (1) and (2) and we shall illustrate each one of the problems (1) or (2) with some examples.

I. PROBLEMS OF TYPE (1)

Let $F : X \to]-\infty, +\infty]$ not always equal to $+\infty$ l.s.c. (lower semi continous) strictly convex such that

$$\lim_{\substack{\|u\|\to\infty \\ u\in X}} F(u) = +\infty$$

and differentiable in Gateaux's sense then:

1°) $\exists$ a unique solution $u \in X$ of

(1.1) $$F(u) \leq F(v) \quad \forall\, v \in X.$$

2°) Every solution of (1.1) is also a solution of

(1.2) $$(F'(u), v-u) \geq o \quad \forall\, v \in X$$

and conversely, where $(,)$ is the scalar product in the duality of V, V'.

THEOREM 1.1: *Let us suppose that X is a set of the form*

(1.3) $$X = \{u \in V \mid Bv = o\}$$

where B is a monotone hemicontinous operator we also suppose that V is uniformly convex and that F' satisfies the condition

(1.4) $$(F'u-F'v, u-v) \geq (\varphi(\|u\|)-\varphi(\|v\|))\,(\|u\|-\|v\|) \quad \forall\, u,v \in V$$

where φ *is strictly increasing function* $\varphi : R_+ \to R$ *such that* $\lim_{r\to\infty} \varphi(r) = +\infty$. *Then*

1°) $\exists$ *a unique solution of* (1.1) *or* (1.2)

2°) $\forall\, \epsilon > o$ $\exists$ *a unique solution* $u_\epsilon \in V$ *of*

(1.5) $$F'(u_\epsilon) + \frac{1}{\epsilon} B u_\epsilon = o$$

3°) $u_\epsilon \to u$ *converges strongly in V when* $\epsilon \to o$.

Example I.1:

Let Ω be a bounded open subset of $\mathbb{R}^n$ with a sufficiently regular frontier Γ. Let

$$V = W_o^{1,p}(\Omega) = \{u \in L_p(\Omega),\ D_i u = \frac{\partial u}{\partial t_i} \in L_p(\Omega),\ i=1,\dots,n, \quad \text{and } u|_\Gamma = o\}$$

the derivatives being considered in the sense of distributions.

$$V' = W^{-1,q}(\Omega) = \{f \mid f = f_0 + \sum_{i=1}^{n} D_i f_i, \quad f_i \in L_q(\Omega)\} \text{ with } \frac{1}{p} + \frac{1}{q} = 1$$

where V is supposed to have the norm

$$\|u\| = \left(\sum_{i=1}^{n} \|D_i u\|^p_{L_p(\Omega)}\right)^{\frac{1}{p}}.$$

Let us consider

$$F(v) = \frac{1}{p}\sum_{i=1}^{n} \|D_i v\|^p_{L_p(\Omega)} + \frac{\lambda}{2}\sum_{i=1}^{n} \|D_i v\|^2_{L_2(\Omega)} - (f,v) \tag{1.6}$$

$$\lambda > o, \quad p \geq 2, \quad f \text{ given in } V'$$

$$X = \{v \in V \mid [v] = \left(\sum_{i=1}^{n} \|D_i v\|^2_{L_2(\Omega)}\right)^{\frac{1}{2}} \leq 1\} \tag{1.7}$$

we now look for $u \in X$ such that

$$J(u) \leq J(v) \qquad \forall\, v \in X. \tag{1.8}$$

THEOREM 1.2:

1°) *There exists a unique solution* $u \in X$ *of* (1.8)

2°) *Every solution of* (1.8) *is a solution of*

$$(J'(u),\ v-u) \geq 0 \qquad \forall\, v \in X \tag{1.9}$$

where

$$J'(u) = -\sum_{i=1}^{n} D_i\left(|D_i u|^{p-2} D_i u\right) - \lambda\, \Delta u - f$$

and conversely

3°) $\forall\ \epsilon > 0$ *there existe a unique solution* $u_\epsilon \in V$ *of the problem*

$$A u_\epsilon + \frac{1}{\epsilon} B u_\epsilon = f \tag{1.10}$$

where

$$Au = -\sum_{i=1}^{n} D_i(|D_i u|^{p-2} D_i u) - \lambda \Delta u$$

$$Bu = \begin{cases} 0 & \text{if } [u] \leq 1 \\ -4\,([u]^2 - 1)\,\Delta u, & \text{if } [u] > 1. \end{cases}$$

4°) *u_ϵ converges in a strong sense in V towards a solution u of* (1.8) *or* (1.9).

We now associate with Ω a netwok $\Re_h$ of steps $h = (h_1, \ldots, h_n)$ and seek to determine a solution $u_{\epsilon h}$ of the discrete problem

(1.11) $$A_h u_{\epsilon h} + \frac{1}{\epsilon} B_h u_{\epsilon h} = f_h$$

where $A_h u_{\epsilon h} = -\sum_{i=1}^{n} \nabla_i (|\nabla_i u_{\epsilon h}|^{p-2} \nabla_i u_{\epsilon h}) - \lambda \Delta_h u_{\epsilon h}$

$$B_h u_{\epsilon h} = \begin{cases} 0 & \text{if } [u_{\epsilon h}]_h < 1 \\ -4\,([u_{\epsilon h}] - 1)\,\Delta_h u_{\epsilon h}, & \text{if } [u_{\epsilon h}]_h > 1 \end{cases}$$

where ∇_i is the ith discrete derivate

$$\Delta_h u_h = \sum_{i=1}^{n} \nabla_i^2 u_h$$

$$[u_{\epsilon h}]_h = \Big(\sum_{i=1}^{n} \|\nabla_i u_{\epsilon h}\|^2_{L^2(\Omega)}\Big)^{\frac{1}{2}}$$

THEOREM 1.3: *The sequence $(u^n_{\epsilon h})_n$ defined by the iterations*

(1.12) $$u^{n+1}_{\epsilon h} = u^n_{\epsilon h} - \rho\, S_h^{-1}\Big(A_h u^n_{\epsilon h} + \frac{1}{\epsilon} B_h u^n_{\epsilon h}\Big)$$

converges to the solution $u_{\epsilon h}$ of (1.11) *when $n \to \infty$ for $S_h = -\Delta_h$, $u^o_{\epsilon h} = o$ and $\rho > o$ appropriately chosen.*

Numerical example:

$$\Omega = \,]o, 1[\, \times \,]o, 1[\,, \quad h_1 = h_2 = 10^{-1}, \quad p = 3, \quad \lambda = 1o$$

we can take

$$\rho = \rho_{\epsilon,n} = \lambda \Big/ \left(2N_n + \lambda + \frac{4+12h^2N_n^2}{\epsilon}\right)^2$$

with $N_n = \sup_i |\nabla_i u^n_{\epsilon h}|$.

Numerical results:

1) First we take $\epsilon_1 = 10^{-1}$ and $u^0_{\epsilon,h} = 0$ we compute $(u^n_{\epsilon,h})$ by (1.12) till $n = 200$. That gives us:

$$\|u^n_{\epsilon,h} - u\|_{L^2(\Omega)} = 3,4 \cdot 10^{-4} \qquad \text{for } (\epsilon = 10^{-1},\ h = 10^{-1} \text{ and } n = 200)$$

$$\sup_x \left| \frac{u^n_{\epsilon h} - u}{u} \right| < 1,7 \cdot 10^{-3}$$

where u is the exacte solution of the problem (1.6), (1.7).

2) Then we put $\epsilon = \epsilon_1/5 = 1/50$ and $u^0_{\epsilon_2 h} = u^n_{\epsilon_1 h}$ we calculate $(u^n_{\epsilon_2 h})$ untill $n = 200$. Then we have

$$\|u^n_{\epsilon_2 h} - u\|_{L^2(\Omega)} = 7,42 \cdot 10^{-5} \qquad \text{for } n = 200$$

$$\sup_x \left| \frac{u^n_{\epsilon_2 h} - u}{u} \right| < 3,5 \cdot 10^{-4} \qquad \text{for } n = 200.$$

3) We take $\epsilon_3 = \epsilon_2/5 = 1/250$ and $u^0_{\epsilon_3 h} = u^n_{\epsilon_2 h}$ by (1.12) we have $(u^n_{\epsilon_3 h})$ and

$$\|u^n_{\epsilon_3 h} - u\|_{L^2(\Omega)} = 1,16 \cdot 10^{-5} \qquad \text{for } n = 200$$

$$\sup_x \left| \frac{u^n_{\epsilon_3 h} - u}{u} \right| < 7 \cdot 10^{-5} \qquad \text{for } n = 200$$

4) We persue the experience by $\epsilon_4 = \epsilon_3/5 = 1/1250$ and $u^0_{\epsilon_4 4} = u^n_{\epsilon_3 h} \Longrightarrow$

$$\| u^n_{\epsilon_4 h} - u \|_{L^2(\Omega)} = 5.71 \cdot 10^{-6} \qquad \text{for} \qquad n = 160$$

$$\sup_x \left| \frac{u^n_{\epsilon_4 h} - u}{u} \right| \leq 4.7 \cdot 10^{-5} \qquad \text{for} \qquad n = 160.$$

The following graph gives the evolution of the error $\| u^n_{h,\epsilon} - u \|_{L^2(\Omega)}$ function of the iterations n for $h = 10^{-1}$. We have also $\| A u^n_{\epsilon,h} - f_h \|_{L^2(\Omega)} \leq 10^{-6}$.

We can see that between $\epsilon = 1/250$ and $\epsilon = 1/1250$ we have no stationwrity of the error $\| u^n_{h,\epsilon} - u \|_{L^2}$ which decrease continuously.

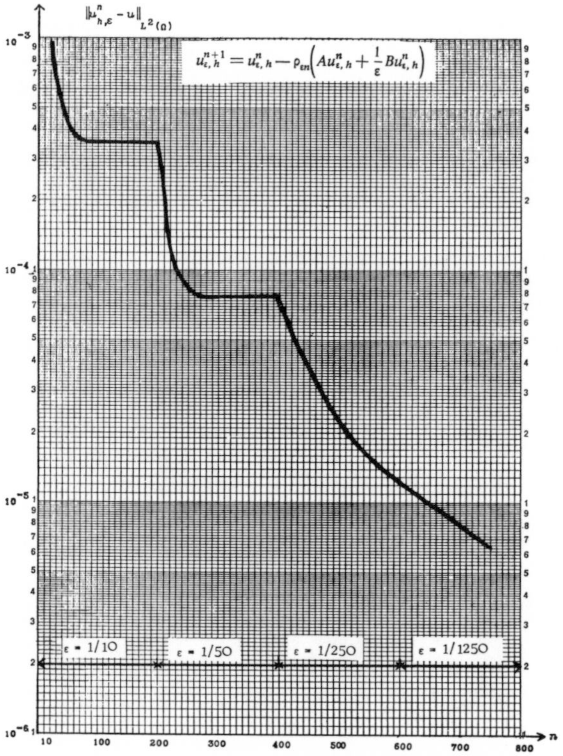

number of iterations

PROBLEMS OF TYPE (2)

Let us suppose that

$$X = \{v_1 \mid v_1 = (y, v) \in V \times \mathfrak{U}_{ad}; \quad Ay = f + Bv;$$

for f given in V', $A \in \mathfrak{L}_c(V, V')$, $B \in \mathfrak{L}_c(\mathfrak{U}, V')\}$,

where $\mathfrak{U}_{ad}$ is a convex subset of the Banach space $\mathfrak{U}$. We denote by $(,)$ the duality $W = V \times \mathfrak{U}, W'$ and by $\|v_1\| = (\|y\|_V^2 + \|v\|_{\mathfrak{U}}^2)^{1/2}$ the norm of W. We seek a function $u_1 = (x, u) \in X$ such that

(2.1) $$J(u_1) \leq J(v_1) \quad \forall\, v_1 \in X$$

where J is a functional defined on $V \times \mathfrak{U}_{ad} \to]-\infty, +\infty]$ not always equal to $+\infty$, l. s. c., strictly convex and satisfying

$$\lim_{\|v_1\| \to \infty,\ v_1 \in X} J(v_1) = +\infty.$$

Then, the problem (2.1) admits a unique solution $u_1 \in X$.

But we have $X = X_1 \cap X_2$ with

$$X_1 = \{v_1 = (y, v) \mid v \in \mathfrak{U}_{ad}\}$$

$$X_2 = \{v_1 = (y, v) \mid Ay = f + Bv\}$$

we associate with (2.1) the problem

(2.2) $$J_\epsilon(u_{1\epsilon}) \leq J_\epsilon(v_1) \quad \forall\, v_1 \in X_1$$

where

$$J_\epsilon(v_1) = J(v_1) + \frac{1}{\epsilon} \|Ay - f - Bv\|_{V'}^2 .$$

We can prove that $u_{1\epsilon} \xrightarrow[\epsilon \to 0]{} u_1$ strongly in W. That is the "partial penalisation" of the problem (2.1).

Remark:

If $X_1 = \{v_1 \mid g(v_1) = 0\}$ where g is a l. s. c. convex functional $g \geq 0$ we can apply the penalisation to X_1 : Then we minimize on $W = V \times \mathfrak{U}$

(2.4) $$J_{(\epsilon,\lambda)}(v_1) = J(v_1) + \frac{1}{\epsilon}\,\|Ay - f - Bv\|^2_{V'} + \frac{1}{\lambda}\,g(v_1)$$

and we have $\lim\limits_{(\epsilon,\lambda)\to 0} u_{1(\epsilon,\lambda)} = u_1.$

Suppose now that J has a Gateaux derivate then the sequence $(u^n_{1\epsilon})_n$ defined by the iterations:

(2.5) $$u^{n+1}_{1\epsilon} = P_{X_1}(u^n_{1\epsilon} - \rho\, J'_\epsilon\,(u^n_{1\epsilon}))$$

converges to the solution $u_{1\epsilon}$ of (2.3) when $n \to \infty$ for $\rho > 0$ appropriately chosen.

Remark:

If we minimize the functional (2.4) on W we use the iterations:

(2.6) $$u^{n+1}_{1(\epsilon,\lambda)} = u^n_{1(\epsilon,\lambda)} - \rho\, S^{-1}(J'_{(\epsilon,\lambda)}(u^n_{1(\epsilon,\lambda)}).$$

Example II-1

Let Ω be a bounded open subset of Ω with regular frontier Γ. We seek for $u_1 = (x,u) \in X;\ x(t),\ u(t),\quad t \in \Omega$ a solution of the problem

(2.7) $$J(u_1) \leq J(v_1) \qquad \forall\ v_1 \in X$$

with

$$J(v_1) = J(y,v) = \|\Delta y\|^2_{L_2(\Omega)} + \sum_{i=1}^{n} \|D_i y\|^2_{L_2(\Omega)} + \|y\|^2_{L_2(\Omega)} + \|v\|^2_{L^2(\Omega)}$$

where $$D_i y = \frac{\partial y}{\partial t_i}, \quad \Delta y = \sum_{i=1}^{n} \frac{\partial^2 y}{\partial t_i^2}$$

and

$$X = \left\{ \begin{array}{l} v_1 \,|\, v_1 = (y,v) \in H^1_0(\Omega)\times L_2(\Omega),\ \Delta y + f + v = 0; \\ \qquad\qquad \Delta y \in L_2(\Omega),\ v \geq 0 \ \text{ a.a. in } \Omega \end{array} \right\}.$$

We denote by

$$X_1 = \{v_1 \mid v_1 = (y, v) \in H_o^1 \times L_2,\ \ \Delta y \in L_2,\ \ v \geq 0 \text{ a.a. in } \Omega\},$$

$$X_2 = \{v_1 \mid v_1 = (y, v) \in H_o^1 \times L_2,\ \ \Delta y \in L_2,\ \ \Delta y + f + v = 0\},$$

$$J_\epsilon(v_1) = J(v_1) + \frac{1}{\epsilon} \| \Delta y + f + v \|^2_{L_2(\Omega)} .$$

The problem (2.7) is then approximated by the iterations: $\rho > 0$ appropriately chosen

$$(2.8) \quad \begin{cases} x_\epsilon^{n+1} = x_\epsilon^n - \rho \{\Delta^{-1} x_\epsilon^n + (1 + \frac{1}{\epsilon}) \Delta x_\epsilon^n - x_\epsilon^n + \frac{1}{\epsilon}(f + u_\epsilon^n)\} \\ u_\epsilon^{n+1} = P_{X_1}\{u_\epsilon^n - \rho [(1 + \frac{1}{\epsilon}) u_\epsilon^n + \frac{1}{\epsilon}(\Delta x_\epsilon^n + f)]\} \end{cases}$$

and $$\lim_{n\to\infty} u_{1\epsilon}^n = \lim_{n\to\infty} (x_\epsilon^n, u_\epsilon^n) = (x_\epsilon, u_\epsilon)$$

and $$\lim_{\epsilon\to 0} (x_\epsilon, u_\epsilon) = (x, u) = u_1$$

we can also accerate the convergence by applying the Anderson iterations.

Numerical example 1:

$$\Omega =]0, 1[\times]0, 1[, \quad u(t_1, t_2), \quad x(t_1, t_2)$$

$$J(v_1) = \|\Delta y\|^2_{L_2} + \sum_{i=1}^{2} \|D_i y\|^2_{L^2} + \|y\|^2_{L_2} + \|v\|^2_{L_2}$$

$$X = \{v_1 \mid v_1 = (y, v) \in H_o^1 \times L_2,\ \ \Delta y \in L_2,\ \ v \geq 0 \ \text{ a.a}$$
$$\Delta y + f + v = 0 \ \text{ with } \ f = -1000\, xy\}$$

we apply the iterations (2.8) with $\epsilon = 1/50$ till $n = 200$ iterations $h_1 = h_2 = 1/10 \Longrightarrow$ tables n° 1,2 give the numerical results.

Then $\epsilon = 1/500$ and $n = 50 \Longrightarrow$ tables n° 3,4. We can see that for $\epsilon = 1/500$ we don't earn more precision.

Numerical example 2:

The same functional with the following contraints:

$$X = \{v_1 = (y, v) \in H_o^1 \times L_2, \quad \Delta y \in L_2, \; v \geq o \quad \text{a.a}$$
$$\Delta y + f + v = o, \; \frac{\partial v}{\partial n}\Big|_{\Gamma} = o, \; f = -1000\, t_1 t_2\}$$

$h_1 = h_2 = 1/10$, $\epsilon = 1/10$ and after some iterations $\epsilon = 1/500$ then we have stabilisation after $n = 2$ iterations. Results in tables n° 5 and 6.

Numerical example 3:

The same with $f = 1000 \sin 2\pi t_1 \cos 2\pi t_2$ $\epsilon = 1/500$ with $n = 285$ then we get stabilisation of the results $\Longrightarrow$ Table n° 7.

Table 1 - Vector x

0.	0.	0.	0.	0.	0.
0.	$-0.56602.10^{0}$	$-0.10284.10^{1}$	$-0.14820.10^{1}$	$-0.18584.10^{1}$	$-0.21233.10^{1}$
0.	$-0.10283.10^{1}$	$-0.20113.10^{1}$	$-0.29005.10^{1}$	$-0.36405.10^{1}$	$-0.41639.10^{1}$
0.	$-0.14820.10^{1}$	$-0.29006.10^{1}$	$-0.41873.10^{1}$	$-0.52632.10^{1}$	$-0.60311.10^{1}$
0.	$-0.18584.10^{1}$	$-0.36405.10^{1}$	$-0.52630.10^{1}$	$-0.66285.10^{1}$	$-0.76163.10^{1}$
0.	$-0.21232.10^{1}$	$-0.41638.10^{1}$	$-0.60310.10^{1}$	$-0.76162.10^{1}$	$-0.87829.10^{1}$
0.	$-0.22351.10^{1}$	$-0.43891.10^{1}$	$-0.63719.10^{1}$	$-0.80739.10^{1}$	$-0.93546.10^{1}$
0.	$-0.21435.10^{1}$	$-0.42157.10^{1}$	$-0.61368.10^{1}$	$-0.78088.10^{1}$	$-0.91005.10^{1}$
0.	$-0.17882.10^{1}$	$-0.35233.10^{1}$	$-0.51452.10^{1}$	$-0.65791.10^{1}$	$-0.77221.10^{1}$
0.	$-0.10997.10^{1}$	$-0.21710.10^{1}$	$-0.31817.10^{1}$	$-0.40906.10^{1}$	$-0.48410.10^{1}$
0.	0.	0.	0.	0.	0.

0.	0.	0.	0.	0.
$-0.22352.10^{1}$	$-0.21435.10^{1}$	$-0.17882.10^{1}$	$-0.10997.10^{1}$	0.
$-0.43892.10^{1}$	$-0.42157.10^{1}$	$-0.35233.10^{1}$	$-0.21710.10^{1}$	0.
$-0.63719.10^{1}$	$-0.61369.10^{1}$	$-0.51454.10^{1}$	$-0.31817.10^{1}$	0.
$-0.80739.10^{1}$	$-0.78085.10^{1}$	$-0.65787.10^{1}$	$-0.40904.10^{1}$	0.
$-0.93545.10^{1}$	$-0.91005.10^{1}$	$-0.77220.10^{1}$	$-0.48408.10^{1}$	0.
$-0.10026.10^{1}$	$-0.98323.10^{1}$	$-0.84283.10^{1}$	$-0.53492.10^{1}$	0.
$-0.98326.10^{1}$	$-0.97491.10^{1}$	$-0.84791.10^{1}$	$-0.54829.10^{1}$	0.
$-0.84286.10^{1}$	$-0.84792.10^{1}$	$-0.75285.10^{1}$	$-0.50134.10^{1}$	0.
$-0.53493.10^{1}$	$-0.54830.10^{1}$	$-0.50135.10^{1}$	$-0.35046.10^{1}$	0.
0.	0.	0.	0.	0.

Table 2 - Vector u

0.	0.	0.	0.	0.	0.
0.	$0.51558.10^{1}$	$0.10384.10^{2}$	$0.15613.10^{2}$	$0.20814.10^{2}$	$0.25900.10^{2}$
0.	$0.10392.10^{2}$	$0.20845.10^{2}$	$0.31266.10^{2}$	$0.41589.10^{2}$	$0.51795.10^{2}$
0.	$0.15613.10^{2}$	$0.31243.10^{2}$	$0.46866.10^{2}$	$0.62201.10^{2}$	$0.77544.10^{2}$
0.	$0.20803.10^{2}$	$0.41562.10^{2}$	$0.62289.10^{2}$	$0.82819.10^{2}$	$0.10307.10^{3}$
0.	$0.25914.10^{2}$	$0.51808.10^{2}$	$0.77550.10^{2}$	$0.10309.10^{3}$	$0.12843.10^{3}$
0.	$0.30931.10^{2}$	$0.61762.10^{2}$	$0.92487.10^{2}$	$0.12311.10^{3}$	$0.15340.10^{3}$
0.	$0.35786.10^{2}$	$0.71573.10^{2}$	$0.10728.10^{3}$	$0.14267.10^{3}$	$0.17803.10^{3}$
0.	$0.40552.10^{2}$	$0.81073.10^{2}$	$0.12156.10^{3}$	$0.16180.10^{3}$	$0.20202.10^{3}$
0.	$0.45147.10^{2}$	$0.90265.10^{2}$	$0.13531.10^{3}$	$0.18034.10^{3}$	$0.22529.10^{3}$
0.	$0.98039.10^{2}$	$0.19608.10^{3}$	$0.29412.10^{3}$	$0.39216.10^{3}$	$0.49020.10^{3}$

0.	0.	0.	0.	0.
$0.30916.10^{2}$	$0.35803.10^{2}$	$0.40563.10^{2}$	$0.45144.10^{2}$	$0.98039.10^{2}$
$0.61761.10^{2}$	$0.71564.10^{2}$	$0.81087.10^{2}$	$0.90263.10^{2}$	$0.19608.10^{3}$
$0.92502.10^{2}$	$0.10724.10^{3}$	$0.12148.10^{3}$	$0.13531.10^{3}$	$0.29412.10^{3}$
$0.12308.10^{3}$	$0.14273.10^{3}$	$0.16191.10^{3}$	$0.18034.10^{3}$	$0.39216.10^{3}$
$0.15341.10^{3}$	$0.17798.10^{3}$	$0.20201.10^{3}$	$0.22531.10^{3}$	$0.49020.10^{3}$
$0.18347.10^{3}$	$0.21315.10^{3}$	$0.24210.10^{3}$	$0.27012.10^{3}$	$0.58823.10^{3}$
$0.21309.10^{3}$	$0.24775.10^{3}$	$0.28158.10^{3}$	$0.31473.10^{3}$	$0.68627.10^{3}$
$0.24204.10^{3}$	$0.28159.10^{3}$	$0.32072.10^{3}$	$0.35905.10^{3}$	$0.78431.10^{3}$
$0.27014.10^{3}$	$0.31470.10^{3}$	$0.35902.10^{3}$	$0.40280.10^{3}$	$0.88235.10^{3}$
$0.58823.10^{3}$	$0.68627.10^{3}$	$0.78431.10^{3}$	$0.88235.10^{3}$	$0.98039.10^{3}$

Table 3 - Vector x

0.	0.	0.	0.	0.	0.
0.	$-0.52608.10^{1}$	$-0.10284.10^{1}$	$-0.14828.10^{1}$	$-0.18599.10^{1}$	$-0.21256.10^{1}$
0.	$-0.10283.10^{1}$	$-0.20123.10^{1}$	$-0.29033.10^{1}$	$-0.36452.10^{1}$	$-0.41702.10^{1}$
0.	$-0.14828.10^{1}$	$-0.29034.10^{1}$	$-0.41923.10^{1}$	$-0.52714.10^{1}$	$-0.60424.10^{1}$
0.	$-0.18598.10^{1}$	$-0.36451.10^{1}$	$-0.52718.10^{1}$	$-0.66412.10^{1}$	$-0.76321.10^{1}$
0.	$-0.21259.10^{1}$	$-0.41702.10^{1}$	$-0.60420.10^{1}$	$-0.76322.10^{1}$	$-0.88035.10^{1}$
0.	$-0.22387.10^{1}$	$-0.43959.10^{1}$	$-0.63848.10^{1}$	$-0.80943.10^{1}$	$-0.93811.10^{1}$
0.	$-0.21474.10^{1}$	$-0.42255.10^{1}$	$-0.61534.10^{1}$	$-0.78336.10^{1}$	$-0.91337.10^{1}$
0.	$-0.17932.10^{1}$	$-0.35352.10^{1}$	$-0.51644.10^{1}$	$-0.66075.10^{1}$	$-0.77595.10^{1}$
0.	$-0.11044.10^{1}$	$-0.21809.10^{1}$	$-0.31968.10^{1}$	$-0.41114.10^{1}$	$-0.48678.10^{1}$
0.	0.	0.	0.	0.	0.

0.	0.	0.	0.	0.
$-0.22385.10^{1}$	$-0.21478.10^{1}$	$-0.17933.10^{1}$	$-0.11040.10^{1}$	0.
$-0.43976.10^{1}$	$-0.42261.10^{1}$	$-0.35354.10^{1}$	$-0.21806.10^{1}$	0.
$-0.63857.10^{1}$	$-0.61539.10^{1}$	$-0.51648.10^{1}$	$-0.31969.10^{1}$	0.
$-0.80933.10^{1}$	$-0.78334.10^{1}$	$-0.66075.10^{1}$	$-0.41117.10^{1}$	0.
$-0.93807.10^{1}$	$-0.91336.10^{1}$	$-0.77605.10^{1}$	$-0.48685.10^{1}$	0.
$-0.10059.10^{1}$	$-0.98744.10^{1}$	$-0.84760.10^{1}$	$-0.53836.10^{1}$	0.
$-0.98749.10^{1}$	$-0.98000.10^{1}$	$-0.85369.10^{1}$	$-0.55237.10^{1}$	0.
$-0.84764.10^{1}$	$-0.85367.10^{1}$	$-0.75925.10^{1}$	$-0.50566.10^{1}$	0.
$-0.53833.10^{1}$	$-0.55235.10^{1}$	$-0.50571.10^{1}$	$-0.35267.10^{1}$	0.
0.	0.	0.	0.	0.

Table 4 - Vector u

0.	0.	0.	0.	0.	0.
0.	$0.52371.10^{1}$	$0.10717.10^{2}$	$0.16027.10^{2}$	$0.21357.10^{2}$	$0.26560.10^{2}$
0.	$0.10766.10^{1}$	$0.21377.10^{2}$	$0.31863.10^{2}$	$0.42308.10^{2}$	$0.52877.10^{2}$
0.	$0.15995.10^{2}$	$0.31829.10^{2}$	$0.47994.10^{2}$	$0.63438.10^{2}$	$0.78825.10^{2}$
0.	$0.21422.10^{2}$	$0.42407.10^{2}$	$0.63189.10^{2}$	$0.84084.10^{2}$	$0.10499.10^{3}$
0.	$0.26467.10^{2}$	$0.52695.10^{2}$	$0.78960.10^{2}$	$0.10501.10^{3}$	$0.13095.10^{3}$
0.	$0.31389.10^{2}$	$0.63423.10^{2}$	$0.94440.10^{2}$	$0.12521.10^{3}$	$0.15629.10^{3}$
0.	$0.36696.10^{2}$	$0.72850.10^{2}$	$0.10924.10^{3}$	$0.14518.10^{3}$	$0.18107.10^{3}$
0.	$0.41332.10^{2}$	$0.82179.10^{2}$	$0.12327.10^{3}$	$0.16354.10^{3}$	$0.20435.10^{3}$
0.	$0.45545.10^{2}$	$0.91096.10^{2}$	$0.13667.10^{3}$	$0.18231.10^{3}$	$0.22782.10^{3}$
0.	$0.99800.10^{2}$	$0.19960.10^{2}$	$0.29940.10^{3}$	$0.39920.10^{3}$	$0.49900.10^{3}$

0.	0.	0.	0.	0.
$0.31636.10^{2}$	$0.36587.10^{2}$	$0.41332.10^{2}$	$0.45642.10^{2}$	$0.99800.10^{2}$
$0.62898.10^{2}$	$0.72895.10^{2}$	$0.82161.10^{2}$	$0.91212.10^{2}$	$0.19960.10^{3}$
$0.94255.10^{2}$	$0.10921.10^{3}$	$0.12320.10^{3}$	$0.13668.10^{3}$	$0.29940.10^{3}$
$0.12562.10^{3}$	$0.14518.10^{3}$	$0.16371.10^{3}$	$0.18223.10^{3}$	$0.39920.10^{3}$
$0.15636.10^{3}$	$0.18110.10^{3}$	$0.20395.10^{3}$	$0.22771.10^{3}$	$0.49900.10^{3}$
$0.18709.10^{3}$	$0.21667.10^{3}$	$0.24465.10^{3}$	$0.27285.10^{3}$	$0.59880.10^{3}$
$0.21654.10^{3}$	$0.25178.10^{3}$	$0.28388.10^{3}$	$0.31759.10^{3}$	$0.69860.10^{3}$
$0.24437.10^{3}$	$0.28399.10^{3}$	$0.32109.10^{3}$	$0.36091.10^{3}$	$0.79840.10^{3}$
$0.27290.10^{3}$	$0.31769.10^{3}$	$0.36069.10^{3}$	$0.40990.10^{3}$	$0.89820.10^{3}$
$0.59880.10^{3}$	$0.69860.10^{3}$	$0.79840.10^{3}$	$0.89820.10^{3}$	$0.99800.10^{3}$

Table 5 - Vector x

0.	0.	0.	0.	0.	0.
0.	$0.17259.10^{-7}$	$0.12442.10^{-7}$	$0.38689.10^{-9}$	$0.57384.10^{-8}$	$0.15187.10^{-7}$
0.	$-0.18108.10^{-7}$	$-0.31686.10^{-7}$	$-0.54927.10^{-7}$	$-0.78394.10^{-6}$	$-0.56843.10^{-6}$
0.	$0.15187.10^{-7}$	$0.24629.10^{-7}$	$-0.43640.10^{-6}$	$-0.74529.10^{-6}$	$-0.62191.10^{-6}$
0.	$-0.20723.10^{-7}$	$-0.31415.10^{-6}$	$-0.60068.10^{-6}$	$-0.51977.10^{-6}$	$-0.12656.10^{-6}$
0.	$-0.24758.10^{-8}$	$-0.46076.10^{-6}$	$-0.52535.10^{-6}$	$-0.55842.10^{-6}$	$0.29484.10^{-6}$
0.	$0.44900.10^{-7}$	$-0.33169.10^{-6}$	$-0.43443.10^{-6}$	$-0.14704.10^{-6}$	$-0.29925.10^{-6}$
0.	$-0.11098.10^{-7}$	$-0.24340.10^{-6}$	$-0.28510.10^{-6}$	$-0.17071.10^{-6}$	$-0.98987.10^{-7}$
0.	$-0.30472.10^{-7}$	$-0.19561.10^{-6}$	$0.12292.10^{-7}$	$0.28138.10^{-6}$	$0.40292.10^{-6}$
0.	$-0.35546.10^{-7}$	$-0.23341.10^{-6}$	$-0.88366.10^{-6}$	$-0.25961.10^{-6}$	$-0.12063.10^{-6}$
0.	0.	0.	0.	0.	0.

0.	0.	0.	0.	0.
$-0.12043.10^{-7}$	$-0.17417.10^{-7}$	$-0.15645.10^{-6}$	$0.99937.10^{-7}$	0.
$-0.54009.10^{-6}$	$-0.77289.10^{-6}$	$-0.91967.10^{-6}$	$-0.40613.10^{-6}$	0.
$-0.72773.10^{-6}$	$-0.48707.10^{-6}$	$-0.66431.10^{-6}$	$-0.10848.10^{-5}$	0.
$0.37107.10^{-7}$	$-0.91967.10^{-6}$	$0.41699.10^{-7}$	$-0.91997.10^{-6}$	0.
$0.63689.10^{-6}$	$0.19105.10^{-6}$	$0.42803.10^{-6}$	$-0.20155.10^{-6}$	0.
$0.23433.10^{-6}$	$-0.59634.10^{-6}$	$-0.34397.10^{-6}$	$-0.55040.10^{-6}$	0.
$-0.64735.10^{-6}$	$0.15483.10^{-6}$	$0.33554.10^{-6}$	$0.11174.10^{-6}$	0.
$-0.44424.10^{-6}$	$0.22814.10^{-6}$	$0.44853.10^{-6}$	$0.35862.10^{-6}$	0.
$-0.62912.10^{-6}$	$0.97773.10^{-7}$	$0.37152.10^{-6}$	$0.38980.10^{-6}$	0.
0.	0.	0.	0.	0.

Table 6 - Vector u

0.	0.	0.	$0.44146.10^{-6}$	0.	$0.41058.10^{-5}$
0.	$0.99800.10^{1}$	$0.19960.10^{2}$	$0.29940.10^{2}$	$0.39920.10^{2}$	$0.49900.10^{2}$
$0.39543.10^{-5}$	$0.19960.10^{2}$	$0.39920.10^{2}$	$0.59880.10^{2}$	$0.79840.10^{2}$	$0.99800.10^{2}$
0.	$0.29940.10^{2}$	$0.59880.10^{2}$	$0.89820.10^{2}$	$0.11976.10^{3}$	$0.14970.10^{3}$
$0.46807.10^{-5}$	$0.39920.10^{2}$	$0.79840.10^{2}$	$0.11976.10^{3}$	$0.15968.10^{3}$	$0.19960.10^{3}$
$0.10603.10^{-5}$	$0.49900.10^{2}$	$0.99800.10^{2}$	$0.14970.10^{3}$	$0.19960.10^{3}$	$0.24950.10^{3}$
0.	$0.59880.10^{2}$	$0.11976.10^{3}$	$0.17964.10^{3}$	$0.23952.10^{3}$	$0.29940.10^{3}$
$0.21304.10^{-5}$	$0.69860.10^{2}$	$0.13972.10^{3}$	$0.20958.10^{3}$	$0.27944.10^{3}$	$0.34930.10^{3}$
$0.65284.10^{-5}$	$0.79840.10^{2}$	$0.15968.10^{3}$	$0.23952.10^{3}$	$0.31936.10^{3}$	$0.39920.10^{3}$
$0.70054.10^{-5}$	$0.89820.10^{2}$	$0.17964.10^{3}$	$0.26946.10^{3}$	$0.35928.10^{3}$	$0.44910.10^{3}$
0.	$0.99800.10^{2}$	$0.19960.10^{3}$	$0.29940.10^{3}$	$0.39920.10^{3}$	$0.49900.10^{3}$

$0.33521.10^{-5}$	$0.12628.10^{-5}$	$0.30900.10^{-4}$	0.	0.
$0.59880.10^{2}$	$0.69860.10^{2}$	$0.79840.10^{2}$	$0.89820.10^{2}$	$0.98800.10^{2}$
$0.11976.10^{3}$	$0.13972.10^{3}$	$0.15968.10^{3}$	$0.17964.10^{3}$	$0.19960.10^{3}$
$0.17964.10^{3}$	$0.20958.10^{3}$	$0.23952.10^{3}$	$0.26946.10^{3}$	$0.29940.10^{3}$
$0.23952.10^{3}$	$0.27944.10^{3}$	$0.31936.10^{3}$	$0.35928.10^{3}$	$0.39920.10^{3}$
$0.29940.10^{3}$	$0.34930.10^{3}$	$0.39920.10^{3}$	$0.44910.10^{3}$	$0.49900.10^{3}$
$0.35928.10^{3}$	$0.41916.10^{3}$	$0.47904.10^{3}$	$0.53892.10^{3}$	$0.59880.10^{3}$
$0.41916.10^{3}$	$0.48902.10^{3}$	$0.55888.10^{3}$	$0.62874.10^{3}$	$0.69860.10^{3}$
$0.47904.10^{3}$	$0.55888.10^{3}$	$0.63872.10^{3}$	$0.71856.10^{3}$	$0.79840.10^{3}$
$0.53892.10^{3}$	$0.62874.10^{3}$	$0.71856.10^{3}$	$0.80838.10^{3}$	$0.89820.10^{3}$
$0.59880.10^{3}$	$0.69860.10^{3}$	$0.79840.10^{3}$	$0.89820.10^{3}$	$0.99800.10^{3}$

Table 7

Distribution of the optimal control

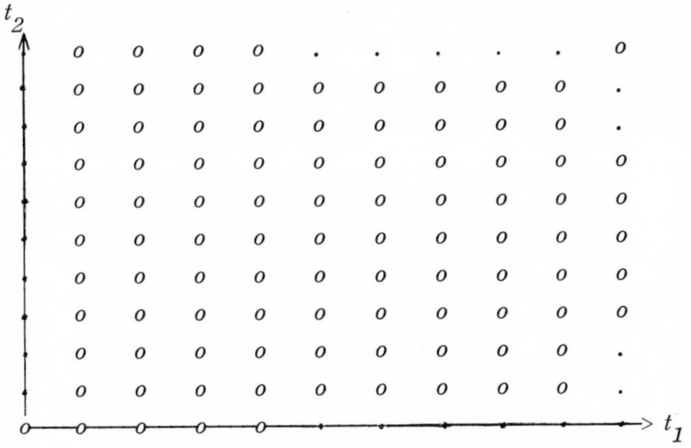

$f = 1000 \sin 2\pi t_1 \cos 2\pi t_2$ $\quad h = h = 1/10;$ $\quad \epsilon = 1/500$

with the Neumann-Dirichlet conditions on x.

The sign *(o)* means that $u(i,j) = 0$ on the point (i,j) of the net.

* * *

BIBLIOGRAPHY

1. Anderson, D.G.: Iterative procedures for nonlinear integral equations. J. Ass. for Comp. Mach., 12 (1965), 547-560.

2. Brezis, H.: Equations et inéquations non linéaires dans les espaces vectoriels en dualité. Ann. Inst. Fourier, Grenoble, 18 (1968), 115-175, fasc. 1.

3. Brezis H. et M. Sibony: Méthodes d'approximation et d'itération pour les opérateurs monotones, Arch. for rat. Mec. and Anal., 28 (1968), 59-82.

4. Courant, R.: Variational methods for the solution of problems of equilibrium and vibration. Bull. Amer. math. Soc. 49 (1943), 1-23.

5. Lions, J.L.: Contrôle optimal des systèmes gouvernés par des équations aux dérivées partielles. Paris, Dunod, 1968 (Etudes mathématiques).

6. Sibony, M.: Contrôle des systèmes gouvernés par des équations aux dérivées partielles. Rendiconti del Seminario Matematico della Universita di Padova, vol. XLIII, (1970), 277-339.